U0018287

一人創業思考法

東京**未来食堂**店主
不藏私的成功經營法則

環境不會對你的行動踩煞車。
能對你的行動踩煞車的，只有一個，就是你的心。

來未來食堂「打工換膳」修業，
已經在大阪開定食店的打工換膳者。

有很多人來幫忙「打工換膳」，
一年有多達四百五十人（！）

未來食堂只提供一種「每日更換的定食」。「餐廳一定有菜單」是「理所當然」的事嗎？

未來食堂沒有裝十日圓的零錢盒。
因為沒有必要。

木製的飯碗，比較不容易破。
但是卻幾乎沒有餐廳使用。

想傳達的想法用自己的說法來訴說。
店內的訊息及說明全都用手寫。

給即將展開新事業的你——代前言

你跟我說「想了很多之後，我真的決定要付諸行動了」，
我聽了很高興。接下來，也一定會發生很多辛苦的事。
我也和你一樣，在開始經營未來食堂時，
有時煩惱，有時止步不前。
那時候，我是怎麼克服的呢……
我相信，告訴你這些，
應該可成為面對新挑戰的你最好的聲援訊息，
所以，現在我提起筆來寫給你。
我會為你加油。如果這種心情能多少傳遞給你的話，
那就太好了。

初次見面。

我是東京千代田區神保町的定食餐廳，「未來食堂」的店主小林世界。

未來食堂是由我個人經營，只有吧檯十二個座位的小小定食店。

也許會有人認為「一個人負責全場好像很辛苦」，不過實際上，一年總計有超過四百五十位來未來食堂幫忙的人，支持著我的工作。

因為未來食堂有「打工換膳」的機制，只要來過店裡用餐一次之後，誰都可以來幫忙五十分鐘，並獲得一頓免費餐。多虧了「打工換膳」，每天都有很多人來幫忙。

參與「打工換膳」的人（打工換膳者）當中，當然有人是為了好吃的「免費餐」而來、有人為了要開餐廳、有NPO的負責人、也有在考慮創業的人，還有學生等各式各樣的人。

多樣化的打工換膳者來到未來食堂幫忙的理由——和我自身的經歷也有關。東京工業大學數學系畢業後，我曾在日本IBM和食譜分享網站Cookpad當過工程師，累積了資歷。之後辭掉工作，進入不同業種的餐飲業開了「未來食堂」，從開幕當時，就因為理科・工程師的思考角度，開創出嶄新的餐廳形式而大受好評。報紙、電視、網路媒體等經常採訪，現在，也有很多來自全國各地的人來店裡視察和學習。

不只是餐飲界的相關人士，也有很多想嘗試全新做法和希望創業的人前來，我認為是歸功於前面提過的，連結起乍看毫無關聯的「理科工程師」和「餐飲界」的全新做法。

來訪的人們，雖然在未來食堂幫忙著瑣碎的工作，但在我看來，也像是在確認未來食堂的各種做法。

如同來未來食堂體驗的大家在觀察著未來食堂一樣，我也觀察著大家。因為這樣，我發現了很多想要開始挑戰新事業，並正為此煩惱的人所特有的，一種思考或行為上的「壞習慣」。像是雖然有「我想做這種事」的想法，可是腦中對事情的形象卻曖昧不明，沒辦法化為言語與人說明等狀況。

每次看到大家那樣，我就會一點一點地和大家分享我自己的情況。將那些經驗分享整理起來，就成了這本書。

我和打工換膳者們，也都跟你一樣，曾經煩惱過，也曾停下腳步來。那時我是怎麼克服的呢？我確信，向正要開始努力，卻又迷惘不已的你傳達這些事，是最好的聲援，所以我提起了筆。

關於本書的內容，首先是要開始進行任何事情時，所必要的三個階段：

① 思考方式

② 執行方式

③ 持續方式

此外，未來食堂有從全國各地前來的客人，也曾收到粉絲來信說「一直很期待這種做法」，很多人真的對我們很好（一年總計四百五十位為了「打工換膳」而來的人，也是其中一部分吧）。

許多人來到未來食堂，因我們而被打動了心。就近觀察的我從中明白的一些事，也整理成：

④感動人心的瞬間

而開店一年，屢次被電視、報紙、廣播介紹，被採訪了五十次以上（二〇一七年三月為止），網路的採訪報導累計超過十萬次分享，Woman of the Year（日經年度女性）的得獎等等經驗，我也整理出：

⑤出名以後要特別小心的事

這本書，是繼《未來食堂開店前》（暫譯，日本小學館出版）和《未來食堂：提供免費餐的餐廳到今天都能賺錢的理由》之後，我的第三本書。

《未來食堂開店前》，就像字面意思說的，是我到開店為止的日記紀錄。我實際開始「新事業」時，如何思考、如何行動，藉由當時日記的回顧，讀者們可以重新體驗。

而第二本書《未來食堂：提供免費餐的餐廳到今天都能賺錢的理由》，是向對未來食堂的做法有興趣的人，深入發掘我們的系統和思想的內容。

所以，超越「未來食堂」的餐廳框架，把焦點放在「想要開始新事業的人，我想告訴你的事」，這本書是第一本。

請用到未來食堂參與「打工換膳」的心情，享受各種發現吧。

那麼，就讓我們開始吧。

目錄

第二章　開始任何事情時，必須做的事——行動——

第三章 開始了以後，要如何持續下去

第四章 要告訴更多人，你已經開始了

第五章　感動人心的瞬間

序章

未來食堂是?

小小的定食店，有點奇怪的機制

未來食堂是開業才一年半的小定食店（二〇一五年九月開業）。

到現在為止，已經出版了兩本書，對已經認識我們的讀者來說，可能有點重覆了，不過在這裡，我還是先簡單說明未來食堂的特色。

餐點只有每日定食單一選項

未來食堂裡，並沒有所謂「可以讓客人選擇想吃的」這種菜單。因為我們是每天只推出「每日定食單一品項」的定食店。我們不太會重覆相同的菜色，像是夏天我們會出冷製煮物，冬天會有牛筋燉蘿蔔，配合季節變化菜單和食材。

雖然也會重覆漢堡排之類的王道選項，基本上都會相隔兩至三個月，即使是同樣的「漢堡排」，也會因應季節加上變化，例如夏天就是「蘿蔔泥和風柚子醋漢堡排」、冬天則是「燉煮漢堡排」。

坐下三秒內就能用餐

因為菜單只有一種，所以不需要點餐，因此，客人坐下來以後，馬上能吃到飯。這樣的方便特性，使得很多客人成為我們的常客。料理的等待時間很短，客人也不覺得有負擔，待在店裡的時間縮短的結果是，午餐時段平均可以翻桌四點五次，最高紀錄曾達到翻桌七次，作為一間徹底有效率的定食店，獲得了許多注目。有電視節目報導我們，說「進到店裡六秒鐘食物就來了」。

客製小菜——小菜能夠客製化

定食菜單只有一種，不過晚間有「客製小菜」的機制，為客人提供小菜客製化的服務。取代了一般餐廳常見的菜單，而是準備了「冰箱中的清單」，讓客人從中選擇大概兩種食材，並依照他們希望的調理方法例如「用炒的」來製作。

「想喝點熱湯」「今天發生了好事，幫我做點慶祝的菜色」等等，也可以配合當天的身體狀況或心情客製料理。「客製小菜」一律四百日圓。如果提供客人一般的菜單形式的話，只要有一種食材用完了，就不能活用其他食材，這樣就會產生浪費。但是「客製小菜」是活用當下冰箱現有的食材的形式，因此不會產生浪費。對客人來說，我們提供了只屬於客人的私房小菜，也會產生特別的感覺。

打工換膳——幫忙五十分鐘，免費吃一餐

像之前說過的，工作人員只有我一個人，不過，我們有一個「打工換膳」的機制，只要來過店裡用餐過一次的客人，誰都可以來幫忙五十分鐘，並獲得免費的一餐。所以，實際上，我和參與「打工換膳」的「打工換膳者」一起在店裡工作。開店前到關店後，一天最多有七個時段可以打工換膳。有為了「免費餐」而來的、有想開餐廳的、有想將未來食堂的想法活用在自己的生意上的……有各式各樣的人參與過。

開店一年半，幫忙的人一年總共有四百五十位以上。完全沒有打工換膳者的日子，一個月裡大概只有一天吧，幾乎都會有人來。

這種「打工換膳」制度的契機，是因為我在修業時期吃了不少閉門羹。我曾

經在很多店裡拜託過「請讓我在這裡工作三個月，沒有薪水也可以，未來我想開間自己的店」，結果對方回應我「只有三個月或是一年的話，我們可用不上。」

我認真地認為「想工作的年輕人要工作一年，對方卻說用不上，這樣是在最根本的地方就出錯了吧」，我覺得「不必說三個月，一個月、一個星期、一天，不，即使不到一個小時，也應該派得上用場吧」，所以我設定了五十分鐘為一單位，讓有意願的人都能參與。

另外，只要來過店裡的客人，我都很珍視和他們的緣份，這種心情非常強烈。就算沒有錢，只要在未來食堂幫忙五十分鐘，就能吃到熱騰騰的一餐。我希望如果有人在被逼到絕境時，最後能想起未來食堂，於是出現了「打工換膳」的做法。

「打工換膳」在開店時就開始運作了，到現在大約經過了一年半。常有人問我，「有真的是因為沒錢而跑來『打工換膳』的人嗎？」我猜應該還沒發生過那種狀況。不過，實際上是怎樣，我也不能確定。真正在經濟上有困難的人，也不會特地來告訴我吧。經濟上困難與否，也不是像我這樣一個普通人可以判斷的。不過我認為那樣也沒關係。重要的是接納，而不是去判斷對方的狀態。

免費餐——誰都可以免費吃一餐

未來食堂入口處旁邊的牆上貼著便利貼，撕下便利貼的人，不論是誰都可以免費吃一餐。「免費餐」其實就是剛才介紹的「打工換膳者」所留下的一餐。為了根本不認識的人，打工換膳者把自己得到的餐點，留在店裡作為「免費餐券」。

二〇一六年的現在，引進無論誰都能享受免費的一餐這種做法的餐廳，據我所知，包括未來食堂，全日本只有三間店。因而這種不依賴貨幣的新方法，受到各界的矚目。

樂捐飲——可以自由帶飲料到店裡，但要捐出一半

未來食堂的收費飲料只有日本酒一種而已（有時候會有啤酒），可以自帶飲料，但是，帶來的飲料，要捐出一半給店裡其他的客人（剛才我寫到「有時候會有啤酒」，實際上是客人帶來的，我們賣一罐四百日圓）。

不收開瓶費，乍看之下，好像沒辦法靠飲料賺錢，不過對客人來說，來到這裡「會從別人那獲得什麼」的不可思議體驗，是很特別的感受。未來食堂位在商業

區，這邊晚上幾乎沒有人。可是，因為「樂捐飲」制度，雖然只是普通的定食店，也會有客人特地遠道而來。

前理工科IT工程師開了餐廳，從不同業種參戰

這雖不是未來食堂本身的特徵，不過，我自身的經歷常被提起這件事，也是特色之一。

我從東京工業大學理學部數學系畢業以後在 IBM 和 Cookpad 當過工程師。這樣一說，很多人會驚訝「為什麼工程師要轉行開定食店？」不過我從十五歲的時候就決定，總有一天要開自己的店，所以在我的內心這個轉變並沒有落差。

十五歲的時候，第一次自己一個人走進咖啡廳時，感受到的「不是在家裡的我，也不是在學校的我，這裡就是單純接受了這個我」，令我非常感動，之後就一直想著「有一天，我一定也要開一間這樣的店」。

「前工程師經營的定食店」，媒體大大地報導了我充滿獨特特色的轉業，我接受了十幾次這種採訪（順帶一提，因為接受過太多次這種觀點的採訪，實在有

點膩了，現在已經拒絕這樣的採訪）。

公開每月結算、創業計畫書的開放性

二〇一六年六月的營業額一百二十三萬五千日圓，原價率百分之二十四。七月營業額一百一十八萬九千日圓，原價率百分之二十六。

這些是未來食堂的每月結算。未來食堂的每月營業額和成本，都發表在《未來食堂日記》部落格。而且，開業時製作的創業計畫書原文，也完全公開在網站上。不過，這不只是單純地公開而已，而是爲了讓客人得以認識未來食堂的一環，我的目的也是希望對餐飲業界的經營有所貢獻。

我以前是在IBM和Cookpad工作的ＩＴ工程師。ＩＴ工程師的世界裡，公開自己的知識和作品，讓大家都可以指出缺點或加以變更，也就是開放資源這種想法，是很普遍的。我自己在工程師時期，也認為這個想法很好。

我不採用像「秘傳配方」這種餐飲界向來的「隱蔽知識才能勝利」的做法，

我決心採用「分享知識，讓業界全體變得更好」的做法。

我沒想到公開創業計畫書和營業額所產生的話題性竟然那麼高。本來只是像剛才提過的「讓業界全體變得更好，讓想開始新事業的人可以有所參考」，所以決定公開，一開始完全不是為了宣傳，不過現在很多客人說「看過創業計畫書來的」，網路上也常常報導未來食堂的開放特質。

理念是「接納任何人，適合任何人的地方」

像這樣，以事業的開放特質和獨特的系統受到好評的未來食堂，原本的理念是「接納任何人，適合任何人的地方」。

接受每個人的「普通」，調理出的「客製小菜」，或是純粹接受每個人特色的「打工換膳」，透過這些理念的推廣，我的目標是告訴大家世上存在著像這樣豐足的場所。作為「適合任何人」的嘗試，每個月一次，只有「未滿」十八歲的人能成為會員，開辦會員制招待所的「十八禁招待所」等活動，目標是用各種多元形式體現我的理念（未滿十八歲的你，如果看到這裡，詳細內容請務必來未來食堂的官方網站看看）。

只是改變既有的觀點

雖然可能有點簡單，以上就是未來食堂的特色。

對未來食堂的這些做法感到驚訝的人很多，不過每一項特色都不是為了要標新立異，希望你有感受到未來食堂只不過是改變了現有的觀點。

「客人也一起工作，實在是新型態的餐廳！」要這樣覺得，那是個人的自由。不過從以前開始，就常聽說沒錢的客人洗盤子來取代餐費的故事，在那種人與人之間角色的曖昧感裡，存在著古早的趣味。

未來食堂所挑戰的，就是改變既有的觀點，用獨自的思考方式來進行各種事情，這當中是有一些訣竅的。正如我剛才說過的，來幫忙的「打工換膳者」們，也來這裡學習那些訣竅。

・有人煩惱著公司裡的社群管理

・有人在思考家庭主婦工作的商業模式
・有人想解決偏鄉的雇用問題
・有人想讓更多人認識鄉土食材和料理
・有人想開一間自己負責全場的店

有各式各樣的人來過未來食堂。我一邊回想著他們／她們佩服地說「原來如此」的樣子，試著把那些訣竅和提示寫下來。

第一章

開始任何事之前需要知道的
—思考方式—

「行得通」是什麼意思？

有想努力做的事，卻不知道從哪裡開始……
或許有人是因為這樣的煩惱，所以拿起這本書吧。
確實，就算腦中有想法，但是因為行不通所以感到挫折，
或是好像做不成，所以斷念了，這種狀況很多吧。
不過，「行得通」，到底是什麼狀態呢？

為了「行得通」，倒不一定有必要擬出多完美的計畫。
只要設計好某個程度的計畫，行動時碰到的障礙也會縮小。
那麼該怎麼設計？
在無止境的不安之中，首先要思考什麼？
這一章是打工換膳者對我吐露出「我想做這樣的事，可是……」時，
針對他們的迷惘，我常說的話所做的整理。

本章想說的事

1. 深入發掘「自己想做的事」
2. 即使現在做不到，只要努力結果就會改變
3. 拆解「理所當然」
4. 不要將問題和恐懼混淆
5. 底線是要賺到錢
6. 用手邊既有的資源來考量
7. 不必一定要做到滿分
8. 有效率地利用時間
9. 改變「不得不做的事」的質

在打算要開「未來食堂」的時候，我經常愈想愈煩惱，感覺「好像行不通啊」。開餐廳賺不了大錢，外面又已經有很多餐廳了，我的料理工夫還是素人等級，只要一開了店又沒辦法輕易收手不幹，如果我生病倒下了該怎麼辦……我光是想

這些事就擔心到不行。

不是只有我這樣。我經常看到，對我來說料理的本事和經驗都很強的打工換膳者也會說：「像我這樣的人應該沒辦法吧……」他們也對開業感到膽怯。

也許每個人都一定會感到不安吧，那麼該怎麼踏出第一步呢。

1. 深入發掘「自己想做的事」

常常有想創業的打工換膳者找我諮詢：「我想做『XXX』」。但是內容幾乎都是我已經在哪裡看過，有既視感的內容，所以聽了也不會留下印象。聽對方說明以後，會被問到「世界小姐覺得怎麼樣呢？」但是因為沒有特別感興趣，我經常回說「沒有特別感覺啊」，就繼續工作。

對於為什麼都是一些相似的想法，當時的我覺得很不可思議（譬如，「牽繫起人們・讓街區活絡起來」的這種口號很常出現），於是我漸漸認為，恐怕那是因為他們的想法「只是拼貼了社會上一般認為是『正確的』概念而已吧」。

「如果是A和B的話，B聽起來比較能讓人接受吧？」是不是在潛意識裡已經選了比較能讓一般人喜歡的那邊？

你想要做的事，為什麼不是別人，而非得是「你」來做不可呢？

以你所感受到不對勁、充滿違和感的事情為契機，落實到所有人都能理解的層次。如果能描繪出那個具體形象的話，那就一定會成為只屬於你的，只有你能實現的解決方案。

可能因為我感受不到「不是別人，而是自己特別想做的理由」，所以聽到時會先有既視感，所以就算是被問了意見，也沒什麼有特別的想法。

我曾經很老實地跟打工換膳者說出我的想法，並幫忙一起描繪出屬於那個人自己的畫面（我在下一章會敘述描繪畫面的方法）。

2. 即使現在做不到，只要努力結果就會改變

可能跟精神喊話式的「只要努力就會成功」的說法有些不太一樣，但我認為：**「連拚都沒拚就嚷著做不到，也太輕易放棄了。」**

我是理科出身，原本在公司上班，辭掉工作開始學料理，跟人家說起我的經歷時，常被問到：「妳跟料理毫無交集，為什麼會選擇了餐飲之路呢？」

就算跟料理完全沒有交集，也不是我擅長的領域，只要好好用功，應該也能有相應的回報。像我的話，在料理修業的一年半之間，我前後在六家不同種類的餐廳學習，讀了幾百本的料理書，為我自己增加了實力。現在為了實現未來食堂的「每日更換的定食」，店休的日子也花自己的錢去吃高級懷石料理，為了偷技術不懈地奮鬥中。

高中時我讀文科，重考一年開始念理科的科目，考上東京工業大學。重考時連化學裡最基礎的「苯環」都不知道，還問別人「這個六角形是什麼？」對方啞然失笑。在做得到的範圍內我不斷地用功，總算能理解了，後來能回答我的問題

的只有很少數的幾位博士班指導員。

工程師時代要轉職到Cookpad的時候，同事勸阻我「連加法的程式都不會寫，那工作對世界小姐來說太難了」，可是我專心讀書到用腦過度甚至想吐，最後受邀入社。自從我立志要換公司，中午休息時為了要用鍵盤打字寫程式，忙到兩隻手都空不出來，午餐每天都買公司裡馬上能塞進嘴裡的漢堡。面試時包包裡塞滿參考書，我跟面試官說「我全部都寫完了」，對方驚訝到說不出話。

連努力都沒有卻連連哀嘆做不到，我個人是覺得太天真了。雖然我這樣想，但我的「努力」常常是讓周圍的人啞口無言的量，所以我不會要求別人跟我一樣。只是因為我的理解速度比一般人慢，沒有基礎知識，所以我努力的量也必須增加而已。

但是，我想說的是「如果你認為『自己沒努力』的話，那就更加努力去做吧」。努力鍛鍊到「做到這地步，也不會後悔了」的程度，那就可以去挑戰想嘗試的事情了。不過真的徹底做到如此，還能淡定自若，從容應對的人，其實也不多。

3. 拆解「理所當然」

要開始做什麼新事情時，是不是常常不知不覺陷入「一般是ＸＸＸ所以我們也ＸＸＸ吧」的想法裡呢？

當然，大多數人服膺的理論因為合理以及高必然性，所以才能通行於世，可是有時也不一定是那樣的。

開未來食堂這間店的時候，我心裡湧起的疑問是對於**「為什麼餐廳要有菜單」**這件「理所當然」的事。

當然，有菜單的話客人可以選擇自己喜歡的菜色，向店家點餐（我並非否定既存的所有規則，重要的是，不應該無視『為什麼存在那種形態呢』的疑問）。

可是，因為有菜單，為了達成客人的期望，菜色選擇就得不斷變多，要準備的食材數量也增加了。**最重要的是「客人能感到滿足」**。如果只要考慮這一點的話……我靈光一閃**「就算沒有菜單，聽聽客人想要吃什麼，就做什麼菜不就好了」**。

這就是未來食堂的「客製小菜」的發想原點。

然後，因為採取無菜單的形態，能省略點餐的程序，客人不需要等待，馬上就能吃到餐點。「客製小菜」只有夜晚時段提供。忙碌的午餐時段不提供客人菜單的選項，取而代之的是提供讓人高度滿足的餐點，較空閒的晚上就用「客製小菜」來個別服務客人，這就是未來食堂的做法。

被「理所當然」壓迫——我修業時代的餐廳

「每日定食單一品項」也是因為我對「理所當然」的懷疑才誕生的。

未來食堂開業前，我曾在一間定食店學習過，那裡每天有限定數量的每日定食。比一般餐點還便宜一百日圓左右的「每日定食」，很受客人歡迎，開店後馬上前來的客人裡，幾乎全部、大概有九成五的人會點「每日定食」。

所有人都點一樣的餐的話，廚房的出餐也會非常輕鬆。所以，開店後的三十分鐘左右非常輕鬆。例如每日定食假設是「炸豬排丼飯」的話，豬排只要預先炸好就好，雞蛋也先準備在旁邊就可以了。

可是，每日定食因為是數量限定，所以馬上會賣光。然後就開始了每天亂七八糟的時間，生產效能突然快速下降。想說已經熱好咖哩了，就又要趕快把瓦斯爐上的鍋子拿走，要換上水壺燒「午間咖啡」要用的熱水。如果客人點了「冷涮豬肉」，要先把收在高處的玻璃盤拿下來，還得走去冰箱拿食材。光是這些就得讓客人等十分鐘以上，也有客人不耐煩就離開了。說得直接了當點，這情況誰也不會因此開心。看不下去的我，曾經裝做不經意般問了店長：

「既然客人都點每日定食，我們增加每日定食的數量不就好了嗎？」他回答我：「因為每日定食比較便宜，如果大家都只點那個的話會有點困擾。」

我內心驚訝極了。如果是這樣的話，那就做出「不會壓迫到利潤、能賺錢的價格的每日定食」就好了，只是為了拉高一百日圓左右的單價，讓廚房翻天覆地般的手忙腳亂，我感覺這樣完全不是生意的本質。

客人都會點每日定食，店長的分析或許是「每日定食比較便宜，所以大多數的客人都會點」，我個人的分析是「點餐之後馬上就能吃到的，就是每日定食了」。如果客人不是因為價錢便宜就點每日定食的話，就算提高價格應該也能保持顧客滿意度。

在那種亂七八糟的狀況下，客人到底能多開心呢？中午就專心在一種每日定食，晚上可以準備小菜，讓客人能更悠哉開心，這種考量不是更合理的選擇嗎……我一邊思考我的「『未來食堂』絕對要採用單一品項的每日定食」，一邊度過那間店的慌亂時間。

發覺對誰都沒好處的「理所當然」

或許有人會認為，「就算是這樣，餐飲業以外有什麼例子嗎？」從我的角度看來，這個社會上，有很多對誰都沒好處的「理所當然」。

像是醫院。最近我因為沒預約就去了某家醫院的初診，等了兩個半小時。患者等了兩個半小時，會開心嗎？如果是我，絕對會想改變這個結構。

可能有人會反駁我：「因為醫療業 XXX 所以 YYY 是不可能的。什麼都不知道的外行人才會那樣講，我們可是已經拚了老命！」

確實，關於醫療或保險機構的運作，我只是外行人。也許在制度上窒礙難行也說不定。不過，我覺得奇怪的是，**「我們已經很拚了，所以別多說什麼」那種不想改變現狀，將生產性低合理化、沉溺於「過度勞動」的狀況」**。

像是我去的那間醫院，在我等了兩個半小時進入診間後，醫生拚命地把我寫的初診資料打進電腦裡建立病歷。那不是醫生的工作吧？如果是我的話，就會在診間安排「行政秘書」，打字就交給他們。

「因為有保密義務，所以診間只有醫生可以進入」，可能有人會這樣說（實際如何我不清楚，這只是我的想像）。那麼，就雇用醫師吧。可能人事費會增加，但我不認為讓客人等兩個半小時的狀況是正確的。不過如果有人覺得「醫院嘛，等也是『理所當然』的吧」，那就不可能有所改善了。

違逆「理所當然」的目的並不是要標新立異，可是，**被綑綁在「理所當然」的咀咒裡掙扎，客人也沒有因此開心，也許那就是該一刀兩斷，重新檢視的時機了。**一開始可能大家會很驚訝，可是如果大家能理解，「如此看來，也許可行」地心服口服，那就可以解決了。就用理所當然的表情，提出新的「理所當然」，大家也就很平順地轉換成「這麼一說，或許比較方便」的新方式。
當然要創造新做法，對客人也要有好處，而且有必要提出清楚易懂的形式。

4.—不要將問題和恐懼混淆—

要開始新的事情時，或許會感到不安，擔心「做不好該怎麼辦？」我自己是比一般人還更負面思考的人，開未來食堂以前，我天天擔心受怕。結果變得很糟糕，因為我把「不得不解決的問題」和「如果發生了就太可怕了」混在一起了。

譬如說，我的情況是我決定「未來食堂就我一個人包辦全場」。要實現前所未有的「客製小菜」的話，即使我雇用了廚師，告訴他「『客製小菜』是什麼」，不管如何，一定會跟我自己想要做的事有落差。這樣的話，我不如一個人在可行的範圍裡包辦全部，自己一個人來體現前所未有的「客製小菜」。可是，一個人包辦的話，「我遇到什麼事的話，店就完蛋了」。開店前我就恐慌到不行，可能你會覺得好笑，不過我那時好怕遇上車禍，還躲在家裡不敢出門。

確實，如果一個人包辦，自己倒下來的話，店就不行了。可是，就算雇用了很多人，在一開始的時間點，也沒有人能代替負責人。這樣一想，這也不是雇用別人就能解決的問題。

也就是說，就算發生了問題，如何應對（＝該做的事）是很重要的，可是應對之後，只要心念一轉就可以解決的事（＝覺悟），又再去胡思亂想，也是無可奈何的。

「該做的事」是什麼？「覺悟」是什麼？

如果分這兩階段來思考，也有助於重整心思情緒。

具體說來，用「一個人包辦全場」為例來想想看。「一個人包辦」要擔心的事情，大概有兩個。

・沒人可以代替
・所有的事都自己一個人做很辛苦

這些擔心的事應該怎麼解決才好呢？我是這麼思考的。

◆沒人可以代替

〈該做的事〉把屬人性[1]低的任務徹底分工出去

〈覺悟〉「先回收初期投資，之後的事就看狀況再說吧」

因為原本我就不是以開一家餐廳後，擴展為多家分店為計畫，所以沒人代替也不是什麼大問題。

而且，未來食堂有「打工換膳」的機制，可以獲得不特定的很多人的幫助。像是我只要準備好詳細的工作手冊，在屬人性低的工作上，就能有人來代替我工作。這樣一來「沒人代替」的要素就可以減到最小。

那麼，難道應該把所有工作業務的屬人性，都降低到任何人都可以展開二號

1. 為日本商業用語，通常指需要擁有特定知識或技能執行的工作，例如業務人員需要擁有溝通技巧與人脈資源，就是屬人性高。通常「屬人性」的相對反義就是「標準性」「制度性」。

店的程度嗎?也絕對不是這樣。有一些沒辦法落實到工作手冊的待客需知和料理的方法,這些是所有的生意都有的共同問題吧。不是專屬於未來食堂的「沒人可以代替」的問題。

要開始新事業,在某個程度上的無人可替代也是當然的。再多想也是無益的。

◆所有的事都自己一個人做很辛苦

〈該做的事〉只做真正必要(對客人有益的)的工作

〈覺悟〉「在做得到的範圍裡做吧」

「一個人包辦全場」的話,自己非得做好這個跟那個……大家都會把事情想得很困難吧。可是,那正是思考的逆轉點。不是想著「我一個人要做這做那」,而是想清楚做得到的範圍,做好能做得到的。像是,也許有人會認為「因為開店,所以每天都要做菜」,可是外頭也有「只用罐頭的居酒屋」,其實客人開心就好。

未來食堂的情況是,白飯我們會請客人自己從飯桶盛飯,在關店時間來的客人，大概也都會幫忙打掃。

只要客人能接受的話，那就沒問題了。有必要意識到，我們總是容易掉進「一定要完美」的思考陷阱裡，那樣的話太沉重了，結果是誰會開心呢？**沒人拜託卻把自己搞到累死，那僅僅是自我滿足而已。**

順道一提，這種思考方式，和我工程師時代的經驗很有關係。

譬如製作系統畫面時，應該是要設定方便點選的選單按鍵，以及讓版面設計美美的，可是開發階段的畫面往往是黑白的，插圖的地方也常常用文字來代替。因爲「在這裡花力氣也沒意義」，所以我就明快地捨棄掉，總之以開發速度為最優先。因為ＩＴ業界本身進化速度就很快，我感覺到這種選擇取捨的傾向特別強。

5. 底線是要賺到錢

打工換膳者跟我聊創業計畫時，有人告訴我「不賺錢也沒關係」，這完全錯了。金錢就像選票。告訴許多人你的優點，讓他們滿意以後，能賺到錢，這才是事業負責人的重責大任。這可不是「但是我有幫到別人」那種發揮犧牲精神的地方。真的「有幫上忙」的話，別人也會想支持你的生意吧，如此一來，就不會是「賺不到錢」的狀態了。

可能因爲未來食堂有讓人免費吃一餐的「免費餐」制度，以及只要在這裡工作就能免費獲得一餐的「打工換膳」機制，有些人會評論說「未來食堂不考慮賺錢，真的很棒耶」，不過這完全是誤解。

賺錢不是壞事。賺很多就多多回饋給社會就好了。

像是未來食堂，因為一個人包辦，人事費是零元，創造了月平均營業額一百一十萬日圓的紀錄，是很好的盈利數字。所以二〇一六年夏天我開始「捐贈定食」，每個月一次，把當天營業額的一半捐出去。

比起說著不賺錢也沒關係然後虧損了，我把盈利的百分之幾捐贈出去是更加合理的（詳細請見後述「將利潤回饋」）。

6. 一用手邊既有的資源來考量一

是不是曾經煩惱過「這也沒有那也沒有」呢？

「一般來說應該要有XXX，但是我沒有啊，怎麼辦呢？」這樣想也開始不了任何事。

有位想做兒童食堂（為了解決孩童貧困或獨自吃飯問題所發展出的地區型飲食活動）的打工換膳者，說他看中的店面瓦斯爐只有一口。

哀嘆著說「只有一口的話沒辦法做料理」，但並不是那樣的。

如果這樣，就做成只提供料很豐富的味噌湯和白飯的「兒童食堂〈味噌湯會〉」，或是乾脆辦茶會也可以。**鑽牛角尖想著「這樣做不下去」的人，有必要搞清楚是為了客人還是為了自己而做的。**

曾經在未來食堂晚上關門以後、小菜幾乎都不剩的狀況下，客人上門了，即

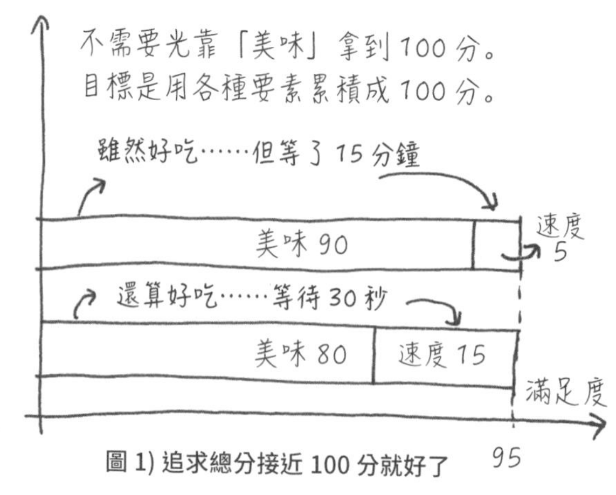

圖1) 追求總分接近100分就好了

使在那種時候，我也不會說「我們已經打烊了，請回吧」。端上白飯和做好的常備小菜，甚至只是簡單的醃梅子，只要客人開心就足夠了。

重要的是客人能接受。自己不需要煩惱說「平常都配有熱騰騰的主菜和味噌湯的啊」。客人覺得可以就好。有時候打工換膳者看到那種狀況會很驚訝，「世界小姐絕對不拒絕客人呢」。都特地到我們店裡來了啊，當然不會拒絕。我不會把餓著肚子的人趕回去。但是，勉強自己配合也有極限。重要的是在可行的範圍內，用手邊現有的東西來考量。

7.—不必一定要做到滿分—

有點類似上述「以手邊現有的資源來考量」的內容，我認為客人不一定會要求滿分。以餐廳為例，讓我們來思考以下兩種情況。

（A）等待十五分鐘，美味度九十分的午餐套餐

（B）等待三十秒，美味度八十分的午餐套餐

如果是在特別的紀念日或是旅行中時，有可以等待的餘裕，當然也會想慢慢地享受美食，不過如果是平日日常的午餐時間，（B）應該會讓客人感到更有價值吧。

未來食堂建立了這樣的方針，像是遇到炒類的中華料理時，會在事前將食材大略地炒過。這樣一來，實際炒的時候就能比較快熟，上菜的時間也能變短。但是，為了「那就更快出菜」，在客人來之前完全炒好放著，反而會冷掉，食材也會軟掉。要準備到什麼程度，正是美味的關鍵，也是需要用心的部分。

針對客人的要求，我們先把東西準備到一定的程度（以這個例子來說，客人要求的是「美味」），再磨練其他的軸（這個例子的話是「快速」），**總分接近一百就好了。**

8.—有效率地利用時間—

只做重要的事

就算想開始新事業，時間卻很有限。

常有人問我「世界小姐到底有幾個分身啊？」我看起來好像就是那麼忙，我想告訴大家我在意的「時間・體力的使用法」。

那麼，我到底有多忙呢？

首先是本業。未來食堂這間定食店，從上午十一點營業到晚上十點，一天大概會供應七十分定食。兩個月一次雜誌連載，一個星期接受一次雜誌採訪，還加上寫書（現在在寫的這本書是第三本）。責編說我寫得很快，非常感謝我（編輯懂得稱讚作者，作者就會寫得更快更拚命）。

其他還有……像是菜單每天都更換，所以要討論進貨，要做沒吃過的菜色時，為了研究要去很多餐廳（店休的時候我很常一天吃四餐）。

然後，我很少提到，其實我已經結婚了，有個六歲的孩子，所以多少有在做育兒的工作。現在又懷孕了，所以不太能勉強自己，每天能利用的時間也變得更嚴苛了。

真正的大忙人可能更忙吧，像我這個程度的忙法，也有個限度，不過大家看到我的某個奇怪行為都很驚訝。那就是**「重要的事以外，我都完全不做」**。

像是我經常吃爆米花解決一餐。店休的時候為了要去其他店研究，所以會跑很多餐廳，可是未來食堂開店的時候，我不能自由移動，就會吃爆米花度日。因為去想要吃什麼，太浪費能量了。

還有就是我不記得家裡的地址。我知道家在哪裡，但是不記得地址。因為也不曉得大樓的名字，我在手機上把「ㄓㄨˋ ㄓˇ」代換成我家實際的地址，自己登錄了新的單詞。大概是，我的腦子判斷這件事「不需要」，所以我就忘掉了吧。

到三十歲以前，我記不得出生那一年的西曆跟和曆（因為每次採訪都會被問所以終於記得了）。

不知道現在是幾年，也不知道首相的名字，我明白「年號」「首相」的概念，但我就不會把能量分給個別事項（在這個情況下是數字和人名）的記憶。

我的情況可能太極端無法參考，不過，在我看來（雖然這樣說很極端），把能量分給無關痛癢的事，卻沒能把力氣花在本業上，這種案例太多了。像我雖然「為了開餐廳要尋找餐具」，卻沒去過東京百貨公司的餐具賣場（我是直接跟欣賞的作家老師訂購）。不過如果太無知，沒有必備的「基本常識」的話，也許會被認為是可疑的傢伙……

決定工作的時間，而非工作量

關於時間的使用方法，我特別用心的是，決定「做到XX點XX分」，事情只做到決定的時間，之後就慢慢來，這是我的規則（現在在寫的這篇稿子，我決定就衝到十九點十分。現在時間是十八點五十五分）。

「總之我就努力到這裡」，如果不設定好目標的話，完全不眠不休地把手上的文章寫完，又是不可能的任務，寫到一半就停下來，又會被罪惡感糾纏。最後就會陷在「啊……工作又沒做完啊……」的焦慮擔心之中。決定好目標的話，就能比較積極正向，「我努力到這裡啦！」如果做不到，就慢慢把目標往後延就好。

也許這只是我個人的想法，但我認為「今天來做○○○」這種把「工作量」作為基準的做法並不好。

為什麼呢，因為心裡在想著「今天要做○○○」的這個階段時（在特地去那樣想的時間點上），已經把那當成「不想做」的事了。即使去做不想做的事，也集中不了精神，就會變得懶散（真正想做的話，就不會還要特地下決心「去做」，應該會無意識之間就開心地做了起來吧）。

但是，時間這種東西，跟當事人的意志無關，一定會往前進展。所以，**把時間劃出區段，「預備——開始！」就非得開始集中精神不可。**

決定「之後就慢慢來」的工作分量，常有人會很驚訝竟然是那麼地大，但本人的心情上並不會覺得痛苦。

9. 改變「不得不做的事」的質

那麼，把自己的工作劃分為圖2的A～D的時候，當然是要減少D，另外，要意識到把C帶到A也是很重要的。

停止跟客人無關的不必要浪費

人一旦習慣成自然，就非常難對「理所當然」產生懷疑。就算是頭腦知道「『這是跟客人沒有關係、不用去做的事』，當然可以不用做啊」，可是到底那是哪些事？其實是非常難以發覺的。

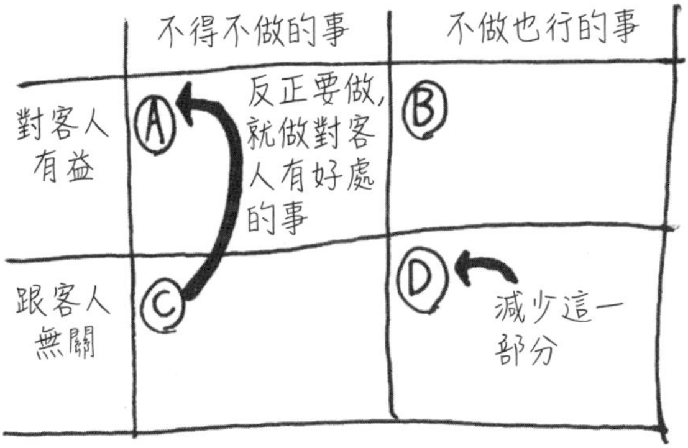

不得不做的事
不做也行的事
對客人有益
跟客人無關
Ⓐ
Ⓑ
Ⓒ
Ⓓ
反正要做，就做對客人有好處的事
減少這一部分

圖 2) 要改變哪個行動，縮減哪個行動呢？

◆不存在的十日圓零錢盒

例如未來食堂在結帳時不會出現十日圓以下的金額。

可能有人會很驚訝吧，不過如果不能超越那樣的「常識」，就看不到「無謂的理所當然」吧（不是說我們不做會計計算，請您安心。詳情我接下來會說明）。

未來食堂結帳櫃臺的硬幣收納只有五百日圓、一百日圓跟五十日圓三種。其他的硬幣全部丟到「什麼都收 BOX」裡。之所以會如此做，是因為未來食堂的菜單只有一種定食，價格是九百日圓（有折價券的話是八百圓）。加點的生雞蛋也是五十日圓，所以買單時，絕對不會發生找客人十日圓或五日圓銅板的事情。因為不會找客人十日圓銅板，所以也沒必要收納得很清楚。每天結束的結算時，只要知道「其他 BOX」裡有多少錢就沒問題了。**去區分及收納十日圓銅板的勞力是白費的。**

就算是這樣，假設有十日圓銅板的盒子，那麼就很容易想投進十日圓銅板。而且也不可能每次都向負責結帳收銀的打工換膳者做如此冗長的說明。所以未來食堂**就取消掉十日圓・五日圓・一日圓的收納盒。**沒有盒子的話就不能丟進去，也就不會出現需要區分的工作。所以，不論誰負責結帳，都不會發生無謂的勞力浪費。**這個例子說明了，只要能覺察到什麼是白費工，就能利用工具來省略屬人性的工作。**

只要將工具稍作改善，就能停止「跟客人沒關係、不需要做的事」，這種案例很多。

◆ 只用一個計時器的廚房（而且還是百圓商店的）

這是在某間定食店修業時的事。一般來說，炸物的時間我們會用計時器來計算。那間定食店也不例外，在工作手冊上決定了「炸雞時間五分鐘、茄子一分鐘、冷凍魚七分鐘」等時間。可是油炸機附近的計時器竟然只有一個（！）。炸物的種類一換就要重新設定時間，加上那是從百圓商店買來的計時器，所以按鍵很難按，畫面小又看不清楚，磁鐵的附著力也很弱，所以常常掉下來（每次掉下來就要去撿）。

每一次嗶嗶嗶地按著小小按鍵，不一會兒又掉下來，就又要重新設定時間，這難道是「為了客人應該做的事」嗎？並不是吧。只要買十個計時器就好了。**只要重買工具就能解決的事，一秒也好，應該早一點解決的。**

既然都要做，就把「跟客人無關」改善成「對客人有好處」

效率化並不只是減少工作。**改變工作的「質」和「呈現方式」也是非常重要的。**

◆光是公開營業額一事，就成為超級宣傳

像是不得不做的事，我們就將其全都和客人做連結一起考量。

例如會計。未來食堂在網路上公開了每個月全部的營業額和成本。可是，不管公開或非公開，會計本來就是「不得不做」的工作。但是，公開這些資訊，可成為讓客人能更了解未來食堂的獨一無二的大好機會。

◆讓客人決定菜單的「菜單會議」

每天提供定食的未來食堂，一直在變換菜色。必須跟上個星期的菜色不重覆，並且使用當季食材，考慮種類（和、洋、中式）和調理方法（炸、煮、烤）的平衡，以組合成下一週的定食菜單。但是如果光靠我一個人安排菜單的話，就會老是在我拿手的料理範疇內來做調配，或只能想出類似的點子，總之，會讓這個工作內容的困難度超乎預期。

於是，未來食堂會在周末較空閒的時段，詢問客人「下星期想吃什麼？」讓在場的所有人開起了「菜單會議」。

當然就算只有我一個人決定菜單，也是可以做出「對客人有益」的餐點，可是一個人想這些事情，實在太辛苦了，所以不知不覺「為了客人思考菜單」這種從顧客觀點考量的意識就會越來越淡薄，最後變成「又要決定下星期的菜色啦……好累」的情況。可是，因爲本來就是客人要享用的食物，問客人想吃什麼是最有效率的。客人也會感到開心，而且自己本身也能藉此感受到「為客人在做考量」，心情也能煥然一新。

或許都只是在講簡單的事情，但我已經傳達了開始新事業時必要的「思考方式」。運用這樣的「思考方式」，接著要怎麼行動呢？那就在下一章詳細地介紹吧（現在是十九點十四分了，所以今天我就在此停筆。剩下的時間我要讀讀書悠閒地度過）。

本章想說的是

1. 深入挖掘「自己想做的事」

是不是無意識間選擇了會被誇讚，感覺好像比較體面的事情來做？

不管多小，如果能描繪出「自己絕對想實現的畫面」，目標的實現強度也會改變。

2. 即使現在做不到，只要努力結果就會改變

做不到的話，就拚命努力到做得到就好。

重要的是，逼自己逼到不會後悔的程度。

3. 拆解「理所當然」

是不是陷入了「其實不想這樣做，可是也沒辦法啊」？

那麼，該怎麼做比較好呢？

徹底思考你感受到的違和感，拆解掉「理所當然」的事。

4. 不要將問題和恐懼混淆

開始新事業時，會感到不安是自然的。

分清楚能處理的事（問題）和做不到的事（恐懼）。

不能處理的事就放棄。

5. 底線是要賺到錢

賺到錢是經營事業的必要條件。

「賺不到錢也要繼續做下去」是沒辦法持續的。

6. 用手邊既有的資源來考量

沒有的東西就是沒有。「因為沒有XX所以做不到〇〇」，如果這樣想，就無法開始了。

7. 不必一定要做到滿分

「做不到一百分所以端不出去」，這樣到底有誰會開心呢？

就算做不到一百分，對方能接受就好了。

8. 有效利用時間

決定好時間，在時間內考慮怎麼集中精神。

想像「預備——開始！」的短跑比賽。

9. 改變「不得不做的事」的質

客人明明沒有期待，有些人卻認為非做不可。

使用不順手的工具，累到了自己，那只是單純的自我滿足。

第二章

開始任何事情時，必須做的事
—行動—

超越「不做」

「開始做」新事物好呢？
還是就維持現狀，「什麼都不做」比較好呢？

該不會，你現在正好就在煩惱這件事吧？

首先我想先申明，我個人完全不認為「開始做」就比較好。
挑戰新事物，這件事情本身並非人生的目的。
你的人生最重要的目的，是要過著開心無悔的生活。
不需要因為想要被讚美就開始做些什麼。

可是，如果你不是為了想被誇讚，而是為了要提升生活，
因此想開始新事物的話——那麼，我想這本書多少會對你有所幫助。

「做」和「不做」之間，存在著巨大的鴻溝。

我本來是個工程師上班族。

以這樣的背景開了自己的餐廳，關於這件事，

我前面也提過被媒體稱做是「充滿獨特特色的轉業」。

不過我在「開始做」的時候，注意了哪些事情，

實際上又做了些什麼？我準備在這一章跟大家談談。

如果你也有些想法的話，

那麼，讓我們一起跨越「不做」的鴻溝吧。

本章想傳達的事

1. 學習——徹底學習現有的知識
2. 公布——「做」和「給人看」要成套並行
3. 描繪——能明確地畫出畫面就幾乎是完成了
4. 即刻決斷——決定判斷軸來提高決策速度

1. 學習——徹底學習現有的知識

把「新事物」拆解成「既有的事物」和「真正的新事物」

要開始新事物時，常常會疑惑不知道要從哪裡開始比較好。這時，**試著拆解「新事物」，區分出〈既有的事物〉和〈真正的新事物〉是很重要的。**

例如說，未來食堂有為客人客製製作小菜的「客製小菜」機制。像「客製小菜」這樣，由客人選擇食材，配合當天身體狀況做客製化的服務，確實很少有前例。

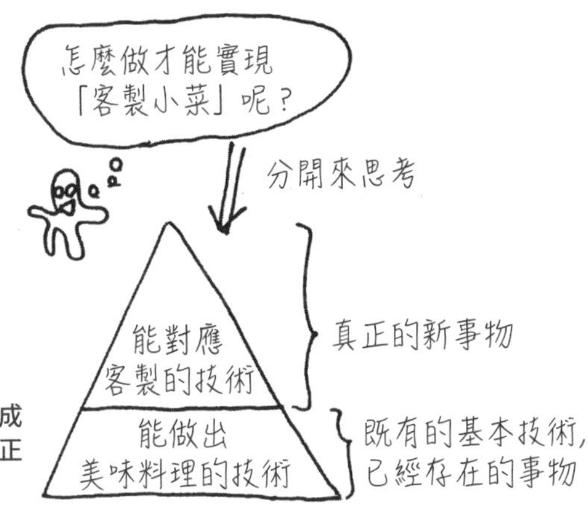

圖 3）把「新事物」拆解成「既有的事物」和「真正的新事物」

但是如果將「客製小菜」當成「料理」來看待的話，也就不是什麼新鮮事了。換言之，我們可以這樣分出兩種要素。

〈世上既有的事物〉

也就是料理本身。以及製作美味料理的技術

〈新事物〉

因應客人的希望來製作料理

〈世上既有的事物〉因為已經存在了，所以包含了很多前人的智慧和訣竅。例如，加調味料的順序（味的さしすせそ[2]）等等。

不學習這些料理基礎而只想挑戰〈新的事

2. 味的さしすせそ，日本料理中加入調味料的順序，依序為さ、し、す、せ、そ，分別是砂糖（さとう）、鹽（しお）、醋（酢）、醬油（しょうゆ、せうゆ）、味噌（みそ）。

物〉，應該也是行不通的吧。

我經常被問：「要開始做從來沒做過的事，難道不擔心嗎？」**不過我堅信，透過徹底學習基礎的〈既存的事物〉，〈新事物〉的成功機率也會提高。**所以我不做無謂的煩惱。

其他像是，只要來過店裡用餐的客人，誰都可以幫忙五十分鐘，得到免費的一餐的「打工換膳」機制，光聽到這樣可能有人也會疑惑「到底要怎麼運用比較好呢？」

〈世上既有的事物〉

現在其實有打工或兼職的雇用形態，並不需具備專業技能。也就是說，只要遵循工作手冊，就可以調教新人成為戰力的雇用形態

〈新事物〉

誰都可以參與的短時間雇用形態

如果分解成這兩項的話，應該會興起「那麼為了實現『打工換膳』，我來調查一下市面上的工作手冊好了」的念頭。我就是因為這種觀點，從修業時期開始，就讀遍了所有連鎖餐廳的工作手冊。

接下來，讓我們來學習〈世上既有的事物〉吧。

讀遍圖書館裡的食譜書

為了「客製小菜」和經營餐廳，我認為不得不徹底精進我的料理技術，所以我讀遍了離家最近的兩間區立圖書館裡所有的食譜書（當時我住在文京區）。食譜書大多是彩色大開本，因為很重，帶回家太辛苦，我就在圖書館一讀好幾個小時。我無法正確地說出我讀了幾本，大概是六個書架分量的書吧。

像這樣看了幾萬種料理的照片以後，也漸漸明白「料理應該怎樣擺盤」。以我的情況來說，我原本是上班族，就像前面提到的，我本來是會用爆米花解決晚餐、對吃不太有興趣的人，做菜的技術也沒有太高明。可是，**即使在開始的時間點上技術不好，但只要能竭盡心力補強所有技能，結果還是會因此改變。**

曾經有來到未來食堂的打工換膳者問我，「世界小姐本來是個上班族，現在卻一頭栽進了料理的世界。是本來就很會做菜嗎？」事實上並非如此。說得嚴厲一點，這樣問的人心底一定抱著「世界小姐一定本來就有這種能力吧，我沒這種能力所以行不通」的想法，然後為自己編出做不到的理由，期待我會同意他所問的內容。

到底是努力了多少，然後還會認為「我做不到」呢？如果還是不足夠，就只有徹底地學了。

例如在我學生時代，為了大學入學考努力讀書。我對英文科的長句不太行，所以，我做了大考中心考試開辦以來，幾十年分的英文考古題。

應該不是所有人都有必要做到這地步。我自己不是創造性高、能聞一知十的那種人，也沒有普通人都具備的知識，要開始任何事的時候，大概都是從負分開始起跑。所以我給自己的功課比一般人還要多。

重要的是，大家各自要鍛鍊自己，達到「都做到這裡了，不論結果如何都不會後悔」的程度。

透過徹底學習現有的事物，增加知識，讓獨創的〈新事物〉得以新生。「客製小菜」的情況也是這樣，不只是因應客人的要求，不管是食材的切法、調味、盛盤方式，也都能施展個人的「獨具一技」。

2.—公開——「做」和「給人看」要成套並行—

努力的身影會感動人

假設你來到未來食堂用餐。

・本來沒做過菜的打工換膳者，來幫忙過很多次，在努力修業的無數試作後做出的一道菜

・未來食堂的店主，料理老手的我做的一道菜

你覺得哪個會讓你比較感動？雖然很不甘心，但我覺得應該會選打工換膳者做的菜吧。不管對手（＝我）的技術有多好，能夠凌駕對手並且感動人心的，只有一件事，就是「讓人家看到自己的弱點，卻一邊努力變強的樣子」（以防萬一，在這裡申明，我和打工換膳者不是敵手，這只是舉例而已）。

（我把稿子交給責編K時，他說：「我對世界小姐努力的樣子覺得很感動。要怎麼說呢，世界小姐雖然已經是專業的了，但是初次嘗試的料理也是經過無數試作和失敗，不斷研究下做出來的。我真的覺得很棒啊。」真是讓我覺得很光榮的感想。

我雖然寫了「老手的我」，可是，這也是經過了無數的嘗試和無止境的提升

的結果，才終於到達「老手」的境界。在這個意義上，「拚死命努力的新手」和「重覆了無數次嘗試的老手」，在本質上，也許能讓人看到相同的感動。只是，老手是已經完成的狀態，所以很難讓對方看到老手一路上的各種嘗試錯誤。責編K頻繁地來過未來食堂很多次，也看到我每天不斷改善的樣子，所以會有這樣的感想。所以他的感想真的是體現了這回的主題「努力的身影會感動人」。）

人們會支持努力的人。比起一開始就完美的形象（但到底有沒有這種人我也是存疑），有不斷成長意願的人更讓人覺得有親近感吧？因為我們可以對其自我投射。

你可能會質疑「讓人感動，有什麼用呢？」這或許是我個人的說法，但我認為，**不能感動人的服務，就是不被社會需要的、自以為是的服務。**

「別人的支持到底有什麼用呢？」你也許也會這麼想。不過，**比起一個人孤獨的行動，有人支持會更有持續的動力，別人也會因此成為你的粉絲。**不給人看的日記經常是三日曬網就結束了，但如果是讀者看得到的網路部落格，而且還能得到讀者的回饋，不就會努力地寫下去嗎？

說到未來食堂的例子，我開始寫開業部落格《未來食堂日記》是辭掉工作的第二天。我的部落格文章開頭一定是這樣寫的：「你好。這個部落格是「客製你認爲的『普通』的未來食堂，到開店為止的日記」，結語一定是：「謝謝你的閱讀。希望有一天能與你相遇」。

雖然我寫了「到開店為止的日記」，不過真的能開店嗎？我自己也不知道。像是找不到好的店面或是計畫遇到挫折等等，我其實想得到很多開不成店的理由。可是，我認爲讓人看到我一往直前的樣子，是對未來的客人最真摯的應對，所以我從開店前一年半左右就持續地寫部落格。

不知是不是因為對我奮鬥的樣子感興趣？慢慢地我部落格的粉絲也增加了，在開店的時候，一天有一千三百次的瀏覽數。對於只有十二個吧檯座位的小食堂而言，是很不得了的數字。這就是一個「把努力的樣子公開，人們就會支持」的例子。小學館出版社的人讀了我的部落格，也跟我談書的出版，這也成為了未來食堂的第一本書。

「完成後再昭告天下吧」這樣沒辦法感動人

所以我跟打工換膳者說：「要毫不隱藏地告訴別人自己正在努力的事，這很重要。」有很大比例的人會回我：「確實如此呢。我也在想等稍微有個樣子出來以後，再來公布吧。」

可是，那種態度就已經不對了。

完成以後的過程再怎麼公開，大家也不會感動的。已經變成超人的英雄，再怎麼奮鬥也已經太遲了。

就算被嘲笑也沒關係。**真摯地告訴大家滑稽又弱小的自己的奮鬥經歷。**光這樣做，就能讓很多人成為支持自己的粉絲。

在某個意義上，現階段的你如果幾乎沒有能力去完成你想要做的事的話，那可是非常好的機會。譬如，要把分數從六十分提升到七十分，跟要從三十分提升到六十分，後者壓倒性的簡單。

愈弱，就愈有變強的空間。「現在我沒有能力」的狀態，其實是非常幸運的事！

讓人有感的「給人看」做法

未來食堂以「給人看」的做法，累積了粉絲，而且也爆發式地提升了自己的動力，為了讓客人感同身受，我使用了幾個方法。

◆讓客人讀創業計畫書

譬如，有人說正在「考慮創業」，我會先請他帶創業計畫書來，讓在場的客人全部一起讀。拿創業計畫書來的人，幾乎都會因爲「第一次給別人看」而感到有點不知所措，可是當讀過的人對他說「加油」而得到支持的話，會成為很強的鼓勵（當然是要本人同意，我們才會進行，如果不喜歡的話，我們不會強迫他公開企畫的）。

◆目標和努力要傳達給客人

如果是目標想要開餐廳的打工換膳者，在他們當主廚的時候，一定要在客人看得到的吧檯位置，貼上寫下「預定要在〇〇開ＸＸ店」的目標，以及說明為了當天料理所花的工夫的說明紙條。

一開始大家沒辦法很順地寫下「為了料理花的工夫」。「沒什麼要特別寫的啊～」大家一開始幾乎都退縮了，可是追問之下，為了讓菜色看起來更鮮豔，而用了紅椒，也有順應季節調整了不同的佐料，總是有做了不少嘗試。只要把自己努力過的嘗試傳達出來，客人就會被圈粉，馬上會為我們加油。

有位打工換膳者，因為想開便當店，所以一個月會來當一次主廚，在最後一次打工的日子，終於確定了開店的時程，許多客人給了他支持和鼓勵。

不是光嘴裡說著「我在努力了」，要給人看成果

說到「奮鬥的樣子要公諸於世」，最常看到的就是充斥著「我想做ＸＸＸ！加油！」這種句子的部落格或日記。

這類**「只說」我會努力的文章，很遺憾地，個人認為完全沒辦法感動任何人。**

為什麼呢？光說努力加油，具體來說做了什麼沒人知道，只是變成孤芳自賞

的文章。

《未來食堂日記》則是將開始修業後學到的事，找店面的結果和各種嘗試錯誤為基礎，平實地記錄下每一天。

人不會只因別人的想法而感動，而是在清楚看到其結果時被打動。不能順利前進的時候，很容易就只光記錄心情。可是，請咬牙忍耐，和成果一起傳達那些心情吧。《未來食堂日記》在一年半間累積了大約八十篇文章，絕對不是光說不練的類型。

公布時要有所「覺悟」

另外，未來食堂也公開了每月營業額及創業計畫書。我常被問到「公開這些的勇氣是從哪裡來的？」可能是想法不同吧，對我而言是很自然的事情，有時我反而會疑惑「爲什麼要保密呢？」（但我知道這樣想的人是大多數，所以我不會說出口）

但是，就算我覺得是很自然的公開，還是需要某種程度的「覺悟」。

因爲，以自己的名義發表的成果，而且是還在反覆嘗試、不斷摸索的未完成狀態下發表出去，可能必須面對被攻擊或被忽視。**想得到別人的感謝或是回報，但反而有可能會被打臉。**

對我來說，我是抱著**「一百個人裡面有三個人了解我就很棒了」**的心情做下去的。只要有毫不動搖的覺悟（以我的狀況，就是確信將為什麼要開未來食堂的決心及過程公開，我真摯的態度也一定會傳達出去），再怎麼被嘲笑，我也不會喪氣退縮……雖然這樣講，實際上還是很辛苦的。對於自己變得太醒目一事，如果沒有基礎體力的話會很艱難。

「基礎體力」指的是「對於暴露在不特定多數人的面前，可以有多習慣」。像我的話，「世界」是我的本名，所以初次見面的人通常都會覺得很稀奇，而一個女生卻選擇讀工業大學的數學系，這也會被認為很稀奇，穿著和服上學也成為話題，總之我就是很惹人注意的存在。

即使我本人自認活得很「普通」，但從幼稚園時期開始，就常常被問「為什麼〇〇？」（我自己是不記得了，但好像發生過聽到牽牛花「每天都要澆水喔」，

所以連下雨天都跑出去澆水，被班上同學嘲笑的事）

因為很習慣身邊的人對我說三道四，所以我已有某個程度的「覺悟」。因此，如果對這沒有免疫力的人，我也不會勉強他的。在一般社會常識程度的範圍裡公布成果就可以了。

3. 「描繪——能明確地畫出畫面就幾乎是完成了」

為什麼「就算說了別人也不懂」呢？

我會有些機會聽到人們說起他們的目標。例如，有打工換膳者說「想在故鄉開一間重視人與人之間的相遇的民宿」，那時候我會加上一句「相遇是嗎？嗯嗯。好像已經有那種民宿了吧，你想做的有什麼不一樣嗎？」我這麼一問，對方一下子回答不出來，只好說「確實現在已經有那種形式的做法了，不過我的跟那種有點不一樣。只是我不太會說明……」我常看到這種「不太會說明」的狀況。

每當我碰到這類情況，或是打工換膳者來找我商量煩惱：「跟很多人說了自己想做的事或是自己的努力嘗試，但就是沒辦法說得很清楚……」每次在聽的時候，我也深深感受到「說出來傳達出去」的困難。

為什麼「說了也沒辦法傳達」呢？就我看來，有兩個要因。

▼還沒化為清晰的言語

▼還沒達到能畫出令人心動的畫面的程度

還沒化為清晰的言語

「說不清楚」，簡單說來，就是還沒化為清晰的言語。如果不知道怎麼說明自己頭腦裡的畫面（影像），就會流於曖昧的表現（經常會是「好像在哪裡聽過的說法」）。

聽的人如果不能了解到跟既存的做法有何差別，當事人可能會很沮喪，「為什麼我的想法這麼棒卻沒有人懂啊？」可是，人就是這樣的。**如果不能用自己的說法說出來的話，就無法傳達出你自己獨特的想法。**

未來食堂也是一樣，在剛開始計畫的時候，我就算跟別人說明，也沒什麼人理解。有些人還會面有難色回問我，「當那種小食堂的老闆娘，有必要辭掉現在的工作嗎？」

不斷的構思、調整說法，總有一天能夠描繪出讓大家都感到興奮的畫面，不過我還是痛切地感覺到「即使能用言語表達出來，也只能傳達出腦袋裡想的事情的百分之五啊」。

本來就沒有任何人能夠完全地了解你自己頭腦裡的畫面。**一味指責對方「為什麼不能了解呢」，只能說是太天真了。**請一定要再往前踏一步，努力到可以用自己的說法說明清楚「我的想法跟其他人的到底有什麼不同」。對方的反應也一定會隨之改變（有什麼方法可以更加深究頭腦裡模糊的畫面，後續我會再做說明）。

還沒達到能畫出令人心動的畫面的程度

就算能夠說明「我的想法跟其他人的有什麼不同」，但是有時對方卻沒什麼反應和回響。

「明明是很有趣的創意，為什麼反應不熱烈呢……」恐怕是「對那個人來說」，這個想法並不是什麼有趣的創意・商業模式。

人只會對跟自己有關係、對自己有好處的事有反應。為了不要讓對方只用「喔～」一聲來結束話題，你的表達就**有必要表現到讓對方產生自己也參與其中一般的心情。**

像我當初在告訴別人未來食堂的創意時，我說的是「能夠做出配合客人期待的客製化料理的定食店」，當時對方的反應正是「喔～」「做客製化料理的定食店感覺好辛苦」「不做成高級餐廳的話會有困難吧？」都是這種半信半疑的反應。

我發現「聽的人好像沒有被打動」，於是改變了說明方式。

「大家不是吃東西都會有一點偏好嗎？像我就喜歡多加一點醋，就連炸雞也會不小心就加醋了，○○你呢？一定也有什麼偏好吧～」我這樣一開頭，對方就會一直接下去。譬如說吃飯吃到最後一定會淋上茶湯再吃，喜歡在白飯上加一點味噌，或是吃煮熟的番茄但生番茄不吃之類的。

「每個人的飲食喜好都不一樣呢」——如果能讓對方在腦子裡認同這件事，接下來就可以慢慢地訴說「未來食堂就是能做客製小菜的食堂，並不是有什麼都做得到的魔法，而是可以配合每個人的偏好或習慣。我們雖然是小小的定食店，但是能料理出對那個人來說的『普通』，未來食堂就是那樣的定食店喲」。

這麼一來，大家的反應轉變之大，會讓你感到有趣。

很多人聽到這個說明都雀躍了起來，到開店為止創造了相當足夠的粉絲群。

我所做的就只是改變了說明的方式。不過，對方的反應就完全不一樣了。

站在對方的角度說明

我的這兩種說明有什麼不同呢？我想是**「有沒有站在對方角度」**的差異。

想像著用「把那些認爲跟自己好像沒什麼關係的人拉到同一個圈子裡」的說明方式來試看看。跟別人多說幾次，應該就能漸漸看出對方感興趣的點了。意識到這一點，畫出能傳達心聲的畫面吧。

對想開始新事業的人，我一定會問的兩個問題

對「總有一天我想開自己的店」的打工換膳者，我有兩個必問的問題。從這兩個問題，就能知道對方的畫面已經描繪到什麼地步了。

▼「什麼時候要開始？」

▼「店名是什麼呢？」

但是想著「總有一天……」的打工換膳者當中，還沒有人能夠明確地回答我這兩個問題（在開店一個月前的這種最後關頭來打工的人當然是回答得出來啦）。很多人會回我：「應該是明年吧……店名我還沒決定」。當然，「等找到合適的店面再決定店名」的想法我可以理解，但我個人並不贊同。

因為，如果在腦中想像描繪自己想做的事情，畫面就會愈來愈清楚。如果能達到那個地步，自然也會想出店名了吧。

為什麼會想不出店名呢？希望大家更努力想像。我每次被問的時候就會回答：「店名叫做未來食堂，預計明年秋天在神保町開業。」也曾經被笑過「妳是那種

先有個形式再開始做事的人吧」（不甘心描繪出畫面的重要性被輕視。覺得很受到打擊，不過因為我的店面還沒成形，所以我很謹慎地沒有回嘴）。

順利找到店面，能在「明年的秋天」（二〇一五年九月）開張，其實完全是偶然。但是除了少數例外，我深深感受到每一次我那樣回答時，為我加油的人就增加了。跟前面所說的「公布」也有關係，當描繪的目標愈清楚，別人就愈願意幫你加油。

讓畫面更清楚的方法

看到來店裡打工的人們，我發現他們不是在迴避描繪畫面，而是根本沒有意識到這個「畫面」。所以我總是用簡單的問題，跟他們一起把想像做大。

想開在哪裡？從車站走過去大概要多久呢？會有些什麼樣的人呢？從這些一般的問題開始，一直問到很細節的地方，像是入口的門要用什麼樣的設計或是餐具會是什麼顏色比較多等等。即使還沒決定到那個地步，被問了以後，就算不開心也會不得不去想像，畫面也會愈來愈清楚。「看上的物件是細長的格局啊，有四張桌子喔，打開門之後會先看到什麼呢？」我們會邊聊天邊描繪畫面。雖然這只是我個人的意見，不過，我認爲，**只要能夠鮮明地描繪出畫面，就跟已經實現了是一樣的。**

「靈光一閃」，是因為一直思考到靈光閃現為止

我們可以藉著與人談話或是想像來讓畫面更加清楚，不過，如果不是靠這種循序漸近的方式，而是像「靈光一閃」那種跳躍性方式的話，應該要怎麼做呢？

未來食堂將食堂的結構例如「打工換膳」「客製小菜」等，全都是以四個平假名文字來表示。這種執著讓我常被問到「世界小姐是怎麼想到這種名字的啊？」其實既不是偶然的靈光一閃，也不是苦心竭慮想出來的。而是**不斷地把所有資訊都灌到腦子裡，直到得以跳出想法爲止。**

未來食堂的概念是「接納任何人，適合任何人的地方」。這個概念說的是人們面對彼此，雖然是前所未有的新形態，但也會讓人想起從前，所以我的設計主

題就決定是「又懷舊又新穎」。我不用橫寫的英文字母，而是用平假名，要用〈懷舊〉的感覺表現〈新穎〉的系統，這是我持續思考（不斷描繪腦海中的畫面）才想出來的。不過，重要的系統命名，不管我怎麼想都還是有極限，畢竟我並不知道所有的日語詞彙。

我們想不出我們不知道的東西。像是我自己想做的事「花點心思來實現小菜客製化的結構」，這要怎麼取名呢？完全沒有靈感。

命名或是概念，對於傳達你想做的事情的世界觀來說是非常重要的。我的做法是，我會一直跑去圖書館的字典區，去翻查幾十本的字典，發現「就是它了」的詞彙。

如果你在千代田區立千代田圖書館的字典區看到一個蹲坐在角落很久的人，很可能是我（因為字典很重，在字典區跟書桌間來來回回很累人）。

每次大概去兩個小時，直到找到為止，我到圖書館報到了好幾天。去找我覺得有意思的詞彙，用那個詞彙再去找近義詞辭典，再用意思相近的周邊詞語查找國語辭典……一再重覆這個步驟。就像我替前面說的「花點心思來實現小菜客製化的結構」取名為「客製小菜」時，我發現自己想實現的世界觀又更深入了一個階段。

我絕對不是什麼天才型的人。我只是收集了幾萬個詞彙之後，發現了一個「就是它了」的詞彙。不過，如果不知道我所經歷的那個過程，說不定會覺得我就是那麼巧妙地靈光一閃。

想要想出新的東西，吸收學習是很必要的。不只是開始以前，開始以後也要持續吸收學習，關於這點，我們會在第三章再做詳述。

4.─即刻決斷──決定判斷軸來提高決策的速度─

要付諸行動時，就會有「做決定」的必要。在判斷上花太多時間的話，就無法前進了。因此「即刻決斷」非常重要。

「我也想要立刻決斷，可是自己的個性就是優柔寡斷啊……」可能有很多人有

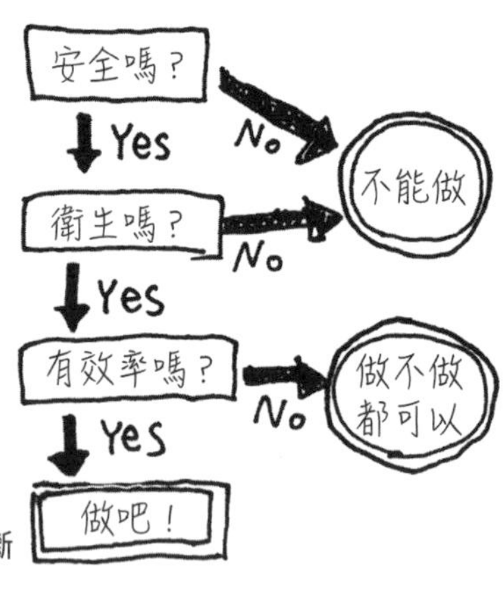

圖 4）依優先順序來判斷

這種煩惱吧。雖然做決定的速度因人而異，我為了能即刻判斷，會特別注意兩件事。

▼決定判斷軸

▼弄清楚優先順序

決定判斷軸

常常有打工換膳者跟我說，「總有一天我要在未來食堂做像ＸＸＸ的事」。例如初次公開準備在自己開的店使用的食譜，或是如果把地方食材帶到店裡，營業額就捐給地方的捐款活動之類。我聽到的時候大概都會馬上回他「很好啊，來做這件事吧。什麼時候開始？」他們通常都會被我嚇到。

但是，如果能對客人有好處（＝每次都能吃到新料理的喜悅），站在店家立場又不會有什麼風險的話，馬上決斷的話也不會有問題。雖然我會遇到需要支援料理的狀況，可是因為想要做的每一個人，都真的很拚命在做，試做了無數次，所以回應他們的努力對我來說也不是辛苦的事。

就像這個舉例一樣，我能在未來食堂的營運上即刻判斷的理由有以下兩點：

1. 對客人有沒有好處

2. 對店家來說會不會有什麼損失

我會事先在心裡準備好這兩個判斷軸。只要確認了這兩點，就不會有「即刻判斷」的壓力。

弄清楚優先順序

話雖如此，一旦事情開始進行，就會遇到很多需要做判斷的局面。配合這些情況，判斷軸會增加，馬上做決斷就變難了吧。

像是籌備餐廳開幕，店裡在進行裝潢工程時，師傅常會問「A跟B，要選哪一個？」並不是每一件事都能按照計畫順利進行的。實際上開始施工以後，可能會出現瓦斯容量不夠，或搞錯測量值等等狀況。所以這時候就算被問到「怎麼辦？」也不見得能給出確定的答案。

一開始是很迷惘地給出回答的，因為是完全不了解的領域所以很難判斷。那時我想出的解方是，**決定優先順序。**以餐廳的裝潢工程為例，我想出了以下的優先順序。

1. 安全

2. 衛生

3. 效率

譬如說，如果只考慮效率的話，也可以在一百九十公分以上的地方做個架子。但是，在那樣的高處，擺放例如料理托盤或鍋子等金屬物品，會非常危險。就算自己本來沒有那個打算，可是不知不覺中，會有人開始放上危險的東西。我會這麼說，是因為實際上我在修業時，在某間定食店，他們就在一百九十公分以上的架子存放了金屬製的托盤。因為頻繁地使用，所以放在容易拿的前側，我每次從旁邊經過時，都一邊想著「好危險啊……掉下來的話怎麼辦呢？」

不管對客人或對工作人員來說，安全都要最優先考慮。而因為未來食堂是餐廳，所以一定會重視「衛生」，在安全和衛生都兼顧後，再追求「效率性」。

可能有人會認為我說的這些是理所當然的事，不過，在我的情況，可能因為我是理科出身，免不了容易思考「不能更有效率嗎？」為了客人的利益去追求「效率」，並沒有什麼問題，不過如果因此導致工作上的危險，那就是本末倒置了。

和前述與師傅的對話也是，**我因為用「安全嗎？」「衛生嗎？（容易打掃嗎）」「有效率嗎？」的順序來判斷對方的問題，就能做出沒有負擔的、自己能接受的判斷了。**比起有效率的A，我採用了更安全且衛生的B（對效率的追求，我認為是不分業種都可參考的，在第三章會有更詳細的說明）。

實際上，舉世聞名的迪士尼樂園也是採用這樣的思考方式。

①「safety（安全）」

②「courtesy（有禮貌）」

③「show（表演）」

④「efficiency（效率）」

總之他們的工作人員也是被教育要使用這樣的順序做為行動基準。

要讓客人滿意，什麼是最重要的呢？那就是安全。

雖然說迪士尼是「夢想與魔法的王國」，不過只要發生任何事故，這一切就會全毀了。比起禮儀，比起娛樂性，比起效率，最應該重視的就是客人和設備的安全了。」（上田比呂志著《暫譯：向迪士尼與三越學習，只有日本人才辦得到的「善解人意」習慣》，由日本 Cross Media Publishing 出版）

直到現在，在要進行新的工作時，我都還是會照剛才說的「安全・衛生・效率」

的順序來問自己，確認以後再行動。

大家覺得如何呢？

我把自己在開始新事物時會用心注意的事情整理出來了。不過，「開始」做新的事情很重要，可是「持續」也非常重要。下一章，我會告訴大家關於「開始以後，如何能持續下去的建議」。

本章整理

1. 學習——徹底學習既有的知識

創新性高，不知道從哪裡開始的時候，先區分出「既有的」和「真正的創新」。然後徹底學習「既有的」知識。

2. 公開——「做」和「給人看」要成套並行

「等到能給人看的時候我就公開。現在公開只是會被笑而已」，如果這麼想就太天真了。不會有百分之百完成的時候。就算不完美，你憨直的熱情，會成為感動人心的鑰匙。

3. 描繪——能明確地畫出畫面就幾乎是完成了

能讓眼前的人充滿欣喜期待，就表示你的創意成功的機率有多大。

第三章

開始了以後，要如何持續下去

「持續下去」很困難

開始做任何事，都需要能力和精力。
但是，要和「開始做」花上差不多精力的，就是「持續下去」了。
因為一旦事情開始動了以後，難以處理的任務也會增加，
「想要繼續」的動力也會減低，都是常有的事。

我也是實際上開了自己的店以後，每天都過著超乎想像的
「忙死人」的日子。開店前就在六間不同類型的餐廳從早工作到晚，
在某個程度上我以為我已經有所覺悟了，其實不然。

在走去未來食堂的路上，有一間專門外帶的咖啡店。
我一直想著「好想喝喝看啊」，到了終於去買咖啡，
已經是開店過了一年又好幾個月的冬天了（也就是最近）。

早上的準備工作從八點多開始，只要一想到「慢吞吞的話到十一點可能都開不了店」（沒辦法，該做的事堆積如山），連幾分鐘都沒辦法停下來。

可能你會笑我「不用那麼死心眼吧」。

可是，那樣毫無餘裕的日子，我持續了一年以上。

如果是你，也不見得就不會變成這樣喔。

當然，專心做一件事本身並不是壞事。

對那些毫無餘裕的苦日子，我也完全不後悔。

可是，如果毫無餘裕的話，「持續下去」就會變得很辛苦。

因為好不容易克服了諸多困難開了店，

希望你能盡量無負擔地「持續下去」。為此，我想先分享一下，

在忙碌的生活中，我切身體會學習到的事。

本章想傳達的事

1. 用最快的速度循環 PDCA
2. 比起「理所當然」，更優先重視「效率」
3. 就算你勉強自己也沒人會開心
4. 不費過多力氣，持續學習
5. 將利潤回饋
6. 會變跟不會變的事情

1. 「用最快的速度循環 PDCA」

可能大家聽不慣「循環 PDCA」這個說法，不過如果說成「用最快的速度執行計畫、實行、檢討」的話，應該就會有具體的印象了吧。

〈關於 PDCA〉

是一種循環式品質管理流程，藉由重覆的計畫（Plan）・實行（Do）・查核（Check）・改善（Act）的四個階段，持續改善業務的方法。

不管事前計畫得多周全，實際上開始做以後，會發現有很多「當初再多做點XXX就好了」這類的事情。到那種時候，要如何盡早改善就是重點了。

「改善很重要」，大家常常這麼說，可能有人已經聽膩了。但是我這邊想說的，不是那類抽象的題目，而是**如何把 PDCA 循環納入日常的業務中。**只是「覺得很重要」，這樣大家是不會動起來的。做完了每天的例行事務後，要去想著「好吧，來改善吧」也是很累人的。「快點循環 PDCA」跟「努力的話一定可以的」，這種精神喊話只是讓人心累而已。

即使發現了「更怎樣做就好了」，但要去實踐是很麻煩的（人類的本質就是好逸惡勞，所以也沒辦法）。

不光只是「想」，為了付諸行動，我會特別留意兩件事。那就是【工具】和【機制】。

▼用【工具】就可以沒有負擔地改善

▼用【機制】可以創造出不得不改善的環境

〈工具——使用不會增加負擔，容易變更的東西〉

覺察問題的時候，怎樣可以輕鬆地行動，這是能重覆改善的重點。讓我們採用毫無負擔並能改善（＝能變更）的工具吧。

紙膠帶——能輕鬆地重覆黏貼無數次

像我在未來食堂就活用了紙膠帶。紙膠帶是貼了以後能撕下來的膠帶，所以可以重覆貼很多次。貼的位置太高或客人不容易看到時，可以馬上重貼。如果用PDCA循環的例子來思考的話，會是像這樣：

〈Plan〉

將傳單貼在這裡的話，客人應該容易看到吧

在未來食堂的吧檯上
用紙膠帶貼著傳單

〈Do〉
貼在計畫的地方

〈Check〉
貼在這裡，坐在角落的客人好像很難看到

〈Act〉
增加傳單，也貼在坐在角落的客人容易看得到的位置

我這樣寫，可能有人會認為「又不是什麼了不起的事」。可是，這邊的重點是：使用紙膠帶。因為使用貼上後還能撕下的弱黏性膠帶，可以常常重貼。**如果是用很難撕的膠帶的話，可能會心想「雖然不太對勁，可是算了吧」，所以就會一直貼在同一個地方。**這種小事累積下來，就會出現差別了。

比起獨自開發的 App，寧願選用主流常用的 App

稍微離開餐飲業的主題，我想說說以前我當工程師時很普遍的「工具的選擇方法」。

像是你在要開一間服務性質的公司時，就會遇上要使用既有 App 的情況。具體來說，就像是要開一間美容沙龍的話，預約時會用到像是日曆 App 之類的狀況。

這時候，比起使用為了美容業所開發的日曆，我想建議你使用一般的日曆 App（像是大多數人使用的 Google 或 Yahoo 日曆）。

會這樣說是因為愈是獨家客製化的軟體，愈有可能難以反映一些小修正，結果就是變成不容易看也不好使用的畫面。

譬如說架設網站也是一樣。如果用 Facebook 或 twitter 等社交工具的話，很容易可以傳遞每天的訊息。可是如果是自己開發的網站，當初網站是請人做的，「這裡想要微調一下」的時候，都需要一一借助他人之手，實在很麻煩。

從維護成本的觀點來看，致力於「如何減少獨自開發」而選用既有的 App，在ＩＴ業界已是普遍的想法了。

每天在使用這些服務時，自然而然會產生「想再怎樣一點」的察覺。請特別注意要使用不會干擾這種察覺，容易變更的工具吧。

〈機制——創造不得不改善的環境〉

剛才我寫到「人類的本質就是好逸惡勞」。

明明很想偷懶，可是還是靠著氣勢喊著「要改善！要努力！」這樣會累的（我也是這樣）。在每天的例行業務之外要再加上什麼「自主積極」的努力就更辛苦了。

那麼要怎麼辦才好呢？我的方法就是**創造不得不改善的【機制】**。

譬如在未來食堂，有「每日定食」跟「打工換膳」這兩種不得不循環 PDCA 的做法。

每日定食——「每天」都有新菜單

未來食堂的菜單天天更換，很少做同樣的菜色（大概會隔上兩個月左右才會重複同樣的菜色）。因為每天做不一樣的東西，所以能反省「這次的漢堡排變得有點硬，所以下次的絞肉料理，就放多一些豆腐來調整得軟一點好了」。也就是說，**每日定食的形式，是讓料理的 PDCA 可以很快地循環一輪的機制**（當然，硬掉的漢堡排還是可以切成小塊使用，必須因應各種情況盡力盡速地完成臨機應變）。

相對的，一般餐廳大部分的菜單都是固定的，就算只是要改變其中一個菜色都會很麻煩。修訂菜單，重新改變進貨，試作等等，該做的事情會變得非常多。

打工換膳——每天都有新人來

「幫忙五十分鐘就能得到一頓免費餐。只要來過店裡的客人，誰都可以參與」，因為這個機制，不管男女老少，很多人都能來未來食堂幫忙。但也因為如此，發生了從沒想像過的疏失。像是曾經發生過的，比較矮的人拿不到架子上的餐具，或是搞錯了同樣顏色的清潔劑之類的狀況。

對於這些疏失，我們可以想出解決方法，像是「餐具可以改變配置，讓人一看就清楚」「廚房用清潔劑跟餐具用清潔劑，使用不同顏色區分」。

因很多人參加而形成的 PDCA 循環，我想在任何業種都會有，不過「打工換膳」是一天最多七位「新手」輪流參加的機制，**所以經驗值（在 PDCA 循環裡的 Do）的累積速度也會非常地快。**PDCA 循環跑愈快，改善的速度也愈快，這應該不難想像吧。

每天菜單都會變，所以不得不改善，每天新人都會來的環境下，不把環境或工作手冊也改良到很清楚明確，就會容易混亂。在這樣的【機制】之下，就會創造出不得不改善的情況。

2. 比起「理所當然」，更優先重視「效率」

如果糾結在「不得不這麼做」的想法中，就會勉強自己，變得很難長期持續。我想舉幾個未來食堂**比起「理所當然」，優先重視「效率」**的例子。

漆器的飯碗——雖然方便，但是一般店家都不使用的木製餐具

未來食堂使用的飯碗是塗漆的木碗。在一般餐廳很少看到「木製的飯碗」。但是，木製碗不會破，盛的飯也不容易變冷。不過也不能只因為不會破這個理由，而用塑膠碗讓品質降低了。在歷史上，使用陶瓷飯碗也是很近代的事了。使用品質好的漆器，客人的評價也高，而且因為不容易破也能安全使用。

會決定使用木製飯碗，是因為我在修業的定食店，常常看到飯碗破掉。陶瓷的飯碗因爲是大大的圓弧狀，所以不耐碰撞。一開始未來食堂也是使用陶瓷飯碗，不過果然跟修業的店裡一樣，很明顯地飯碗常常會破掉。我心想「那麼乾脆就用不會破掉的碗就好了」，所以就把飯碗全部換掉了。**多花一點錢可以換到效率的**

話，也沒什麼好可惜的。

打工換膳——有時是客人，有時是店員

「客人就應該享受客戶至上的服務」，如果覺得這件事理所當然的話，就不會想出像打工換膳那樣**「有時候是客人，有時候是店員」**的立場轉換了吧。不過，一餐分的金額（餐飲業一般來說成本為售價的三成，所以大概不到三百日圓）就可以得到五十分鐘的幫忙，是很有效率的做法。

3. 「就算你勉強自己也沒人會開心」

這跟第一章的「思考方式」或許稍有重覆，不過，我想強調的就是，勉強自己的話誰也不會開心的。

實際上事業開始以後，包括之前說的改善事項，要做的事可說是堆積如山。

像未來食堂，雖然早就有所覺悟，餐飲業每天都要打掃，但是一旦開業以後，打烊後的打掃竟然要花上一兩個小時，每天都累得要死的回家。

不過，來到現在的狀況，我們在打烊一小時前就會開始慢慢整理，所以關店打掃就能在三十分鐘內完成，也能在很輕鬆的狀況下回家。

大家在辛勞的狀況下，都忍不住自以爲「做到這麼累，我應該對客人很有貢獻吧」，絕對不是這樣的。**除了對客人真正有必要的辛勞以外，其他的辛勞都沒什麼價值。**雖然「輕鬆」這個說法可能會讓人有負面觀感，但如果是以下兩種情況，前者才會讓更多客人開心吧。

- 輕鬆地提供五十人分的餐點
- 辛勞地提供十人分的餐點

可能聽起來很理所當然。不過實際上客人在眼前的時候，我們經常會不小心就勉強自己了。我們可能會想「通常定食會附上三種小菜，小菜是不能減掉的，萬一有一種小菜用完了，那就得重新再做一種小菜了」。可是，如果客人能接受的話，譬如小菜只放一種也是可以，取而代之讓小菜的量放多一些，或是增加主餐的分量，用這種方式來處理也是可行的。

像我這種增加主餐的量，或是用冰箱剩下的一道菜來替代的做法，就會讓打工換膳者大受衝擊。但是，實際上看到沒有任何客人因爲這樣的做法感到困擾之後，常有人會跟我說「原來是可以這樣處理的啊」。我想告訴打工換膳者的，可能就是這種「態度」。

4.「不費過多力，持續學習」

在開始任何事業後，常常會因為沒想像過的雜事蠶食掉大把的時間。我自己也是，未來食堂一開張，我連休假日都因為料理的準備、寫部落格和訂貨等工作，幾乎完全沒得休息。

因為當時的經驗，所以我把開店當初的周休一日增加為周休二日，不過時間有限，這一點是不會因此改變的，所以，**不費過多力氣，去學習獲得高品質的資訊，**

在根本上有其必要。

如果自滿於「現在這個樣子就很好了」的話，就不需要學習了。像未來食堂，每天更換「每日定食」的菜色，所以如果不經常吸收料理的食譜、技術的話，客人很快就會厭倦。

所以我想跟大家分享的是「五倍準則」。這是我獲得資訊（特別是食譜和服務的訣竅等不屬於文字資訊的「經驗值」）時的行動規範。

「五倍準則」——簡單獲得高品質資訊的方法

「五倍準則」的意思是，**「去習慣高於自己想提供的內容五倍價格的東西」**。我們未來食堂的午餐是八百日圓（只有第一次用餐是九百日圓），所以我會去午餐價格四千日圓左右的餐廳，學習他們的菜色和服務。

推出八百日圓午餐的主廚只去同樣提供八百日圓午餐的店家用餐，我想這真是大錯特錯。因為**模仿一定會劣化**。只學習八百日圓的服務，絕對產生不出超過八百日圓的價值。因為我的八百日圓，是去模仿四千日圓的服務，所以有價值。

我常跟人說起這個「五倍準則」，那時候總是會被回「做這工作都能吃到好料，真幸運呢」，但我一次都沒覺得幸運過（而且還是自掏腰包）。

我原本對吃就不講究，就算一直吃同樣的東西也不以為苦，是對吃沒什麼太大興趣的人。為了研究，我現在百分之百外食，可是如果自己煮的話，我大概會頻繁地做我很愛吃的，用鹽和醋拌一拌的「醋義大利麵」，學生時期，曾經有一整年我只吃蕎麥麵跟穀片度日。

這樣的我，不是因為想吃，而是為了研究去挑選店家，以「吃了是不是可以學到料理技術」為基準點餐，所以一點也不幸運（肚子餓的時候對料理的判斷會變得隨便，所以我會先吃一點東西，去掉食慾的干擾再去用餐）。一開始，不管吃什麼，都覺得那些料理好像在問我「妳做得出這種味道嗎？」因為心太累，到後來都食不知味了。

但是，給自己五倍準則的功課以後，漸漸地，「享受高價料理和高品質服務的自己」也變得理所當然。這麼一來，因為**自己內在的「普通」基準往上提升，所以就算只是做「普通的定食」，也變得可以提供比較講究的料理以及高品質的服務跟硬體了（餐具和家具等）。**

如果我要開一間服裝店的話，我就會變成自家商品價位五倍價格的店家的常客。

數字化不必然限於價格。譬如說編輯前幾天跟我說：「暢銷書我一定都會翻過。」我問他：「具體來說怎樣算是『暢銷』的標準呢？」「發行數量五萬本以上，或是當周排行榜前五名的書，我一定會看看。」

常有人說要創造優質的東西，吸收學習很重要。**不單指「量」，把基準數字化，學習超過基準的事物，創造「N倍基準」，就可以有效率地學到高品質的服務。**

要追趕上知識，必須學會問問題的方法

你有遇過這種困擾嗎？在跟別人對話時，自己根本缺乏對方尋求的答案的前提知識。

或是，自己想在新領域得到知識，要簡單地詢問別人、學習新知時，要丟出什麼樣的「問題」比較好？

不僅限於要開始新事物的狀況，有時候被別人認為「這個人肯定知道些什麼」，那麼可能會被問到從未想像過的問題。

像我之前突然被問到：「妳覺得ＡＩ人工智慧怎麼樣？」或者打工換膳者也問過我：「家庭主婦突然要開店，是不是有勇無謀？」

關於人工智慧我什麼都不知道，而「是不是有勇無謀？」因為所知有限，也無從答起。

那種時候，我**盡量注意不憑印象或以一般的回答答覆對方**，我會老實回答「我也不知道呢」。會這樣說，是因為實在有太多本身也不明白，並且前提條件曖昧的狀況下回答問題的例子了。

「你覺得ＸＸＸ怎麼樣呢？」如果只是得到很粗淺的回答「不錯啊」，也失去了特地去問那個人的意義吧（反過來說，你在問任何問題的時候，如果對方只會回說「不錯啊」，那你也會察覺到對方其實沒表現出特別的理解或興趣吧）。

像是剛才人工智慧的話題，我會問「人工智慧，最近是不是家電賣場也能買得到？」這麼一來，根據對方的回答，就會知道「好像還是一般人買不起的昂貴的研究對象」。

在經過如此累積、獲取知識的過程裡，就會開始明白對方想要的答案的方向性。

舉例來說，我曾經被打工換膳者問過：「創業過程中，如果得不到丈夫的協助，該怎麼辦好呢？」一開始我是照著既定印象回答她「如果是無法得到伴侶理解的創業理由，那創業本身就有缺陷吧？」因為對方的問題很模糊，所以我再三詢問以後，才明白她說的「得不到伴侶的協助」指的是「丈夫不幫忙做家事」的意思。如果是這樣的話，我的回答就完全不同了。這時我回答她：「我們把現在的家事量假設為十，可能妳會期待對方能負擔一些，希望把家事分攤比例調整為八比二，不過如果一開始就把家事量減到八的話，對方就不用負擔家事，自己只要做八就好了，妳不妨再重新評估看看。」

如果跟自己想要的答案方向不同，幾乎大部分人都不會再追問下去。（剛才的例子也是，我也是再三追問才抓到對方問題的重點）。不管是問問題的人，或是被問的人，大家幾乎都**不會一再發問，藉此提高問題的精準度，以獲得知識。**

很多人看到我跟別人對話的狀況，會稱讚我「世界小姐，很有發問力耶」，我認為那是因為我**用心於知識的獲得和印象的分享。**

有些人可能也會以為，發問是暴露自己的無知，會覺得可恥。不過，因為無知而可恥也沒什麼幫助吧。我自己的做法是對自己發號施令，在心裡用想像的聲音大喊「好！開始了」，在對話開始的時候就集中意識，努力獲得知識。

不只是被問問題的時候，當問別人自己不知道的資訊時，這種求知的態度也很有幫助。

5. 將利潤回饋

我不認爲「賺到的錢＝自己的錢」。從客人那邊得到的錢，像是投聲援票一樣，好像在對自己說著「加油」。如果自己獨占的話，就無法回應客人聲援的心情了。

雖然只是微小的例子，但我想傳達一下我是怎麼把利潤回饋給客人的。

投資自己

從「五倍準則」開始，**我把利潤的一部分拿來獲取新的智慧，讓它回到客人身上。**如果不持續這種態度，很快地新鮮感會消失，客人也馬上就膩了。一開始時我就切身體會到，光日常工作就已經夠費力了，常常只能提供一樣的服務。**只要關係到工作品質，就不能小氣。花自己荷包裡的錢，去習慣自己贏不了的價格帶的好料理，這樣就能跟同樣價格帶的對手分出高下。**

因為我的事業是B to C（企業對消費者）的餐飲業，而且我自己也是女性，所以因為我的成長而欣喜的「粉絲客人」也很多（像是支持我寫第三本書，會為我帶來慰勞品等）。就像我前面提到的「毫不隱瞞地公布自己努力的樣子」，也是重要原因吧。不管是誰，應該都會欣喜於自己支持對象的成長吧。投資自己，客人肯定也會開心的。

捐款

未來食堂會在每個月最後一個星期二舉辦「捐贈定食」的活動，把這一天營業額的一半捐出去。

捐款的單位很多。也有打工換膳者自己提出說：「我想捐給自己的故鄉。食材我全部可以湊齊，業務也由我負責，這次的『捐贈定食』募到的錢請捐給我故鄉的 NPO 農業團體當活動資金」。如果沒有人特別提案，我會捐給 JPF（特定非營利活動法人 Japan Platform）的國際人道支援組織。因為是可以信任的捐款對象，也沒有過於強烈的立場或色彩。

「捐贈社會」的作法，雖然不是直接把利潤還原給客人，但因為以下兩個理由，所以我還是選擇用捐款的方式。

・對客人來說，是感覺很好的用錢方式（自己的錢可以對社會有幫助，應該沒有人會覺得不舒服吧）

・不是只有店家跟客人的封閉關係，還能向外連結到社會。

不過，還是別忘記了「做生意並非慈善事業，終究是生意，能產出利益是最優先的課題。」如果只心想「想做好事，來捐錢吧」，結果導致虧損的話，就本末倒置了。

捐款並不是目的。因為很多客人認可我們的價值，所以我們手邊累積了多餘的錢（聲援票），結果是我們能把其中一部分捐贈「回饋」給社會。

每個月的「捐贈定食」當天，我們會送給客人糖果或巧克力等小零食，並且附上感謝信：「請讓我們將今天的營業額捐贈出一半。上個月的捐贈金額是XXX日圓。我們能夠捐贈，都是因為有客人您的緣故。萬分感謝您。」（不是捐款的理由說明）把對客人的感謝永遠放在第一，並且持續地表達這種態度。

「因為有客人所以我們才能……」的心情，要怎麼樣用自己的方式表現，愈努力思考，就愈能產生讓客人感到舒服的好服務吧。

6. 會變跟不會變的事情

「持續」就等於「不變」嗎？

一定不是這樣的。在繼續下去的過程中，或許理念會改變，方向也有可能轉彎。那麼，什麼應該改變，什麼又是不應該變的呢？

而且，也許也有人會對資本主義式的「永遠持續成長」的風格感到煩惱吧。

「不變」的是理念，「改變」的是形式

未來食堂現在的形式，是只有十二個吧檯座位的小小定食店。但這個形式就是最好的，都不用改變嗎？我倒也不這麼覺得。

未來食堂的理念是「接納所有人，適合所有人的場所」。為了讓體現這個理念的「客製小菜」能夠實現，採取餐廳或定食店的形式是有其必要的。

我並不是那種擁有絕佳商業頭腦的人，雖然這個形式已經穩定了，不過如果有比我更優秀的人贊同未來食堂的理念，或許可以成長為更好的形式也說不定。

我創立未來食堂，擔任起第一棒跑者，其任務就是要尋找能了解理念、能接棒的第二棒跑者，所以我會持續傳遞我的理念（在本業的休息時間寫書、爲你聲援的意義也在此）。

就算可見的形式改變了，那當中的核心價值一定不會變。不管周圍的人說什麼，如果自己判斷應該走向新的下一個階段——應該再開始「什麼」新事業，那麼，就應該從現在的地方往前踏出一步了。

如何從「應該永遠持續成長」的束縛解脫？

不用說到像是經濟成長率這類專業用語，社會本身就是要求「一直成長」的系統。不過，開始新事業以後，持續成長真的一定是必要的嗎？

未來食堂只是月營業額一百一十萬日圓左右的小定食店，也許有人會認為我的意見太輕鬆了，但我想來說說我自己的想法。

欲望是無底洞

未來食堂是我個人經營的小店。如果說雇用店員、取消公休、把營業時間拉長的話，營業額就會增加，可是用這樣的做法增加營業額的話，到底有什麼意義呢？

就像我正在寫稿的現在，是懷孕第八個月，我之後也會休產假。休息的那段時間，如果雇人的話就能維持營運了。可是那真的是客人要的嗎？

確實未來食堂在繁忙的平日，只要三十秒就能端出營業均衡的定食，提供給客人很高的價值（每天來的客人占全部客人的一成，就是最好的證明）。因為對客人來說很有價值，所以持續開店可能是「正確」的。可是，那樣一心只想向上的做法，會在某些地方出現勉強之處。

這樣的小店，也賺了很多錢（每個月會在網路上公開會計結算）。所以，該休息的時候就休息，在可行的範圍裡做好就已經足夠了。**晴耕雨讀式的成長，不也是「正確」的嗎？**

發想新點子的，就只有身為領導者的你了

在現在的領域持續產生利益很重要，不過從現在的位置急起轉舵，是身為領導者的你才能做的事。

這跟剛才的「會變的事情」跟「不會變的事情」裡提到的也有關係，不只是追逐在不變形態裡的利益提升，**持續探索更新更好的形式也很重要。一直做相同的工作，就會漸漸沒有琢磨新創意的餘裕。**

我不認為未來食堂在餐飲業的領域上成功了（傳遞「接納任何人，適合任何人的地方」的理念），我們也不貪心，可行的範圍內就休假，因此可以挑戰寫書等等新嘗試，我認為探索新的形態，是現在的我所尋求的。

不只是我，現在正在閱讀本書的你也是，曾經服務過的粉絲們一定在期待「下次會給我看到什麼驚喜呢」？

本章整理

1. 用最快的速度循環 PDCA

不是「到時再做吧」，而是「現在」就改善。所以必要的不是「努力改善吧」的精神喊話，而是「機制」跟「工具」。

2. 比起「理所當然」，更優先重視「效率」

不要認為「反正碗就是會破」，只要用不會破的碗就好了啊。

3. 就算你勉強自己也沒人會開心

「因為總是提供到這個標準」，疲憊不堪的時候還勉強自己，是無法持續的。如果白飯沒有了，提供麵包也可以。

4. 不費過多力氣，持續學習

新事業開始以後會變得超忙碌。如果可以有效學習的話，花點錢也不可惜。

5. 將利潤回饋

不獨占賺到的錢。能還給社會越多，就會回來更多。

6. 會變跟不會變的事情

在持續的過程中，或許形式會改變。

重要的不是看起來的樣子，而是理念。

第四章

要告訴更多人，你已經開始了

跟你聊聊我的「說法」

已經開始新事業的你，

可能會想「讓更多人知道正在努力進行的這件事」。

但是，也可能發生例如開始寫部落格，

但沒有得到預期的回響，或是事情進展不順利等等，這些都是常有的狀況。

想將訊息傳遞給別人，讓別人可以接收到，要注意什麼事比較好呢？

我絕對不是想說「未來食堂超有傳播力，能夠把訊息傳達給很多人！」不過，我們已經讓很多人知道未來食堂的存在，對只有十二個座位的小小定食店來說，已經太過足夠了（我這樣也寫到第三本書了）。

這一章，是要透過未來食堂的「傳播方式」，告訴大家我所學到的東西。

順帶一提，資訊的傳播大概可以分成「個人傳播」和「第三者傳播」兩種。

在本章我會說明，「個人傳播」，也就是自己在傳達時，需要特別注意的事情。「第三者傳播」（電視、報紙、網路等媒體）時我會注意的地方，會在之後的第七章再詳述。

未來食堂的消息「散布」的多廣？

或許有人會覺得「像餐廳那種受限於固定地點的服務業，只要把眼光放在附近的人身上就好了吧」，我並不這樣認為。

因為地理上的限制，實際上沒辦法前來的客人，在資訊的傳播下，他可能會心想「原來有這種食堂啊，以後有機會想去未來食堂看看」。所以用長遠的眼光來看，**增加受眾數量，長遠來看有助於集客，以及理念的傳播。**

那麼，有多少人知道未來食堂呢？（本章以「個人傳播」為主題，所以先不討論電視或網路等提到未來食堂的傳播例子）

例如，我們來看看網路上我寫的有關未來食堂的文章，有得到多少回響吧。

- 告知「免費餐」的部落格文章……大約六千次分享
- 日經年度女性受獎演說的部落格文章……大約兩千次分享

與未來食堂有關的採訪報導達到了六萬次分享，不過因為不是「未來食堂的文章」（＝我寫的），所以這裡先割愛。

「分享」指的是，在自己的 SNS（社群網站）上，對其他用戶傳達「有這麼有趣的文章喔」。不是只在心裡覺得有趣就結束，而是以實際行動來向周圍的人們發布此訊息，所以更能傳達出分享者本人的心情。

然而這樣的分享人數感覺是大是小，也許因人而異。但是因為常聽到周圍的人說「個人部落格竟然超過一千次分享，很厲害耶」，所以這應該不是小數字。而且，能夠彙整了部落格的文章，結集出版成《未來食堂開店前》一書，也是因為負責的編輯讀了部落格被感動，所以來找我出書。出版後也收到很多感想，我猜想，文章本身大概多少有將我的心情傳達出去吧。

我在寫文章時會注意的事情，在這裡分成兩點來說明。

本章想傳達的事

1. 文章的寫法

——重要的是，要把訊息傳給「你」

——不要流於「這麼寫就行了吧」的俗套

——訊息要精煉到用單字傳達的程度

2. 文章的內容

——沒人想讀純宣傳式的文章

——不說「敬請惠顧」的理由

1. 文章的寫法

重要的是，要把訊息傳給「你」

寫文章時，我最注重的一件事，那就是如何傳遞給「你」。

但因為資訊的傳達和書信不同，是以一對多的方式發布出去的，所以你也許會認為，說成傳遞給「你」，是有所牴觸的說法。

其實，並非如此。

就是因爲對著不特定多數人所寫的訊息，卻能夠讓接收到的人，讀起來感覺像是「這個訊息是爲了我所發出來的」，而如此一來的結果，就是引起了巨大回響。

光是預期有個「巨大回響」的結果，雖然是很膚淺的，但請將「就是因爲未來食堂的文章，讀起來像爲了一個人一個人所寫的，才得到共鳴，引起巨大回響」這個念頭放在腦海裡的某處。

像在寫部落格時，我會假設讀者是「很久不見，但感情很好的國高中時期友人」，這本書則是「為了要讓外國人更認識日本的優點，而煩惱著該做哪些嘗試的打工換膳者」（外國人並不是重點，是在設定「關於餐飲業以外的嘗試」時的舉例而已。因為在設定了讀者的前提下，寫出來的文章會大不相同）。

如果不去意識到具體的讀者，會容易流於「今天的餐是○○喔！」之類的內

容，對（無法前來的）大多數人來說，就只是可有可無的文章。

不要流於「這麼寫就行了吧」的俗套

這不僅限於社群網站等網路上的發文。

像是前幾天，我去了一直在店頭擺放我的書的書店拜訪致謝，因爲有想到說也許我可以當場手寫宣傳字卡擺在書的旁邊，所以就算我不特別注意，也會瞄到別本書的宣傳字卡或是其他作者的親筆簽名板。

然後，我發現每張簽名板上面都寫著一模一樣的「給〇〇書店，拜託您了」。這讓我很驚訝。

會看這些簽名板的是來店的顧客。明明是給來到店裡的客人（在考慮要不要買書的客人）的訊息，卻是寫給書店，而且還只有很制式的「拜託您了」……收到簽名的書店，因為是知名作者的親筆簽名，當然很高興，毫不懷疑地展示出簽名板……等到我要親自寫宣傳字卡的時候，發覺我好像再次窺見了大多數人的思考結構，其實不太會去意識到訊息的接收者。

當然有名的作家一天大概要寫幾十張簽名板，考慮到效率的話，就變成這樣了吧。但是像我這樣的無名作家，可不能這樣。結果我自己寫的宣傳字卡就加上了簡單的「從這間書店到未來食堂的方法」。這樣大概能更具魅力地傳遞出專屬這家書店的特別感，以及我的店真的實際存在的這件事。後來，也有人到店裡，誇獎（？）我，「因為妳的宣傳字卡與眾不同，所以留下了深刻印象」。

訊息要精煉到用單字傳達的程度

「可以客製您認為的『普通』」。

這是未來食堂的中心概念的訊息。雖然簡單，不過經常被讚美「是很棒的訊息」。

到底有多少人可用單字表現「自己所想傳達的事情」呢？

從我看來，大部分的人，都只是借用已經存在的話或被認為是「好的」文章來表現自己的想法而已。**你能用「自己的說法」說明自己的思想嗎？**

雖然說要「字斟句酌」，不過恣意地使用沒人知道的自創用語，也會給人自以為是的印象。例如「あつらえ（客製）」這個字，有點古風的深沉，給人很和風的感受。理解那樣的語感，然後再定義出自己的新意義。**不能無視已經存在的意義，也不能過度跳躍。**

想要細緻地操控語句的話，大量閱讀好文章是個好方法。盡量讀書（特別是文體特徵鮮明的）。讀法有很多種，我個人是只要發現喜歡的作者，原則上就會讀遍那位作者的所有作品。

個人覺得三島由紀夫的《金閣寺》不但修飾華美且秀逸，而且僅用短文就可表現人物心情的功力，真讓我瞠目結舌（只是不管我讀了幾次，都無法化為我自己的文章骨肉，真是遺憾）。

2. 文章的內容

沒人想讀純宣傳式的文章

假設一間餐廳在宣傳告知時的訊息，不是只寫了「請惠顧！」而是還加上了像是「最近每天都很熱，我們做了冷湯」「剛過正月，腸胃應該很疲弱吧，我們煮了糙米粥」的訊息，再或者是告訴大家料理的食譜，客人應該會很開心吧。

可能有人會認為「餐廳就是要讓客人來吃才會有業績，公開料理的做法，是讓營業額降低的自殺行為！」可是不管怎麼模仿，要做出像店家一樣完成度很高的料理，需要許多要素，而且客人如果認為「雖然未來食堂太遠了現在無法過去，不過粥確實很不錯啊，在家試著煮煮看好了」，這樣就會對我們產生親切感，以長期經營的眼光來看，還是很正面的。**對讀者來說會有什麼「正面效應」呢？持續思考這件事，結果就會回饋出對自己也很「正面」的效果了。**

例如在部落格《未來食堂日記》裡，我用很多照片徹底解釋了我在便當店修業時學到的「高麗菜絲的切法」和「挑選菜刀的方法」。結果是只要在網路檢索

「高麗菜　切絲」的人，就會先看到我的文章，也成為未來食堂與許多人相遇的契機。

不是什麼資訊都是好的。不要雜亂地亂放資訊，**「因你所在的『專業』位置所帶來的資訊」，才是有價值的。**

不需要老放一堆「有用的資訊」，也不要忘記，沒有人想讀只有宣傳內容的文章。

不說「敬請惠顧」的理由

那麼，除了「有用的資訊」以外，還要傳達什麼給大家好呢？

未來食堂會很誠實地告訴大家，白天營業時思考的事或新系統導入的過程——「正在考慮這樣的事情」。

我不說「敬請惠顧」。比起這種宣傳詞，更應該傳達的是「內側」的想法。

「敬請惠顧」的說法，就是把對方看作是會拿錢來的「客官大人」。**不是拜託對方請他們來店裡的「請惠顧」，而是得要引起興趣，讓他自發性地覺得「想**

去」店裡的程度才可以。

我好像能聽到小小聲地抱怨：「如果讀者能有『想去』的感覺的話，就不用那麼辛苦啦」，不過這裡會產生效果的原因，是因為做了剛才提到的「假設部落格的讀者是『很久沒見，但感情很好的國高中時期友人』的這個設定。

有必要跟老朋友說什麼「敬請惠顧」嗎？因為對方願意來（肯定是想去）是沒錯的。所以，不用說什麼「敬請惠顧」，一句都不用，只要將關於事業的心情、想法或發生的小故事實在地訴說就行了。

舉個未來食堂部落格文章的例子吧。

未來食堂有「免費餐」的制度，誰都可以免費吃一餐，在這制度剛開始時，我從以下三個「內側」的角度寫了文章，而不是「敬請惠顧」的那種內容（並非因為客人吃的是免費餐不會賺到錢，所以不說「敬請惠顧」。在此先申明）。

▼為什麼要做這樣的事？

▼怎麼實現？

▼為什麼要取這麼有趣的名字？

結果這篇文章在個人部落格達到史無前例的三萬次分享，也被報紙、網路新聞等介紹，「想去未來食堂」的人爆發性地增加了。

這是很顯著的例子，讀了文章因此心動的讀者，會萌生「想要去！」的念頭。而如果是因為「敬請惠顧」而來的客人，一定會有「我來了」的高姿態意識。相對於此，**從「一直好想來」的感動開始的第一印象，容易產生更多感動**，這就自不待言了。

你「真的」會想告訴很熟的老朋友說「現在正在實施〇〇〇！敬請惠顧」嗎？比起這種做法，是不是更想告訴對方實施〇〇〇的過程和執著呢？

專欄1——

經營 SNS 和部落格時該特別注意的事

我經常被問到「在經營社群網站和部落格時，有需要特別注意的事嗎？」我在意的有以下兩點。

1.「不要在意」網路負評延燒

在「要注意的事項」裡講「不要在意的事」，好像有點妙，不過，我們常會看到因為太害怕成為網路上不特定多數人的批判對象，就會只能寫出一些不痛不癢的文章。

會問出「有什麼妳會特別注意的事嗎？」也是因為有意識或潛意識之下，想要問問對於「網路負評」的心理調適方式吧。**多方討好，讓誰都不討厭的文章，也是誰都不會喜歡的文章。**當然我們應該避開爭議或負評，不過一直注意別人的眼光，就寫不出能感動讀者的文章了。真切地把自己的文章寫進讀者的心坎裡，才是首先應該意識的事。

2. 錯字漏字盡量避免

錯字漏字連篇的文章，缺乏說服力。盡量重複多讀幾次自己的文章，應該就能把錯漏字減到最少。因為是人做的工作，所以無法完全零失誤，可是應該把所寫的文章當作自己的「作品」，再用心做得更細緻一點吧。在網路上常看到引用別的網站的文章，可是弄錯了引用來源等，對引用的對象來說也是不該發生的錯誤。

本章整理

1. 文章的寫法

——重要的是，要把訊息傳給「你」

面對不特定大多數人所寫的文章，結果打動不了任何人。

——不要流於「這樣寫就好了吧」的俗套

「開始新餐點了，敬請惠顧」，這種寫法真的好嗎？

如果是我的話，會為了無法前來的客人，也寫上新菜色的食譜。

——訊息要精煉到用單字傳達的程度

深入思考，找出只屬於自己的說法。

要深入思考到發現自己的說法為止。

2. 文章的內容

——沒人想讀純宣傳式的文章

「敬請惠顧」「敬請購買」，對讀者來說只是單純的雜音而已。

——不說「敬請惠顧」的理由

如果確信讀者絕對會來，文章的感覺也會改變。

第五章

感動人心的瞬間

雖然我不想說「我可以感動人心」……

未來食堂是開店一年半的新店家，受到許多矚目，也成為媒體的熱門話題。當然那也是因為我們在商業模式上有獨特性。不過，未來食堂的「粉絲」增加了，也是其中一個理由。

從全國各地來到這裡，告訴我「我是從○○來的」或是寫email給我說「一直很期待有這種做法」等等，我感覺對一間小小的定食店來說，大家對我真是非常好。來自很多客人和農家的慰勞品、伴手禮從沒斷過。

在網路上公開的未來食堂的採訪文章，達到難以置信的分享次數，於是陸續有書籍寫作的邀約。一年總共有四百五十人為了打工換膳前來，十二個座位的定食店零人事費、每月營業額達到一百一十萬日圓的紀錄，也絕對是托這些人氣的福，才能有的結果。

我不想太過驕傲，不過如果說是因為我們有「什麼」可以引起這樣轟動的原因，應該就是未來食堂的「什麼」能夠感動人心吧。

這當中可能有思想或是商業模式這些表層的東西，但從我個人的行動也一定可以看出些線索吧。

自己說「我可以感動人心」真是害羞。但是，面對剛開始要努力新事業的你，與其因為害羞就藏住不說，毫不隱藏地說出來才是更加分的效果，讓我來一一回顧我做了些什麼。

這一章想傳達的事

1. 為了他人不辭辛勞
2. 讓別人看到你努力的過程
3. 和人往來要細水長流
4. 不獨占得到的好意
5. 不看輕得到的好意
6. 對於得到的好意不過分喜悅

首先我要聲明，**我不會說明那種「這麼做就能打動人心」的小手段**。

我回頭檢視自己做過的事，發現了幾件「我是這樣做的，但其他人好像不做」的事。我只是將它們整理出來而已。

我不知道這些事是不是都與能打動人心有關連，不過，如果你看了之後覺得「原來如此」，然後開始把它們納入工作之中，你周遭的景色或許也會開始改變。

1. 為了他人不辭辛勞

我常常被認為是很不可思議的人，不過我確實是會為了他人，不辭辛勞的那種人。一說「為了他人不辭辛勞」，好像是會被讚美的優點，但實際上大家卻覺得不可思議，常常問我「為什麼要做到那種地步？」好像也沒什麼好驕傲的。

例如說，住在岩手縣盛岡市的打工換膳者，在他開店時，我實際跑到當地給了建議。這位打工換膳者並非在未來食堂打了好幾次工，貢獻良多，也就是來幫了兩次忙而已。不過，即使只是見過幾次的緣分，看到人家在煩惱，自己就會想幫點忙。有人問我「一般人會為只幫了一兩次忙的人做到那個地步嗎？」或許我只是單純覺得要挑選出「這個人要幫」「這個人不幫」很麻煩而已。

我好像就是特別在意「人與人接觸而產生的能量」。**與其自己一個人，不如跟人一起，這樣就會更加努力不是嗎？**大概就是這種想法，發展出我自己的行動規範。

未來食堂的裝潢工程花了一個月左右，那段期間，我每天在開始跟結束時，都會到現場跟師傅們打招呼。加上在其他餐廳的修業，所以一點也不輕鬆。不過想著，如果有人（＝我）會為師傅們的工作開心，那麼他們做起來也會特別來勁，所以我每天都會去。夜間施工時，我也會去打招呼以後才睡，清早的話就早起過去，雖然辛苦，但想到「在工作的師傅更累」，所以就按掉鬧鐘起床，趕往施工現場。

這麼做真的有價值嗎？我是不知道，不過他們真的對我很好，還會主動建議「這裡有架子的話會更方便，我來幫妳架一組吧」。開幕日是九月十三日，他們擔心如果有什麼狀況就能馬上處理，開幕那天師傅一直待在店裡。如果到了剛開幕的店，發現師傅待在那裡應該會嚇一跳吧。不過，我想這就是每天打招呼所延伸出的好關係。師傅們把我的店當做自己的店一樣照顧，這是我現在也還印象深刻的事。

2.——讓別人看到你努力的過程——

前面有提到過，「大家會被努力的樣子打動，進而想要支持」，不過在我看來，大家果真不太會把努力的樣子表現出來讓人看到。

例如在店裡，有一位因為要開店所以來幫忙的打工換膳者，在電視台來採訪時，被問到「為什麼你會想要來『打工換膳』呢」的時候，他竟然只回答「因為我想要學習做菜」。難得的宣傳好機會，怎麼能不說呢。我看不下去他那羞答答的樣子，所以推了他一把「因為想在國立市開定食店，所以來修業的，對吧」於是他說明了「是的」，可是重新拍攝時卻又忘了說。

可能你會想「不知道能不能達成的目標，就那麼公諸於世很丟臉」，沒錯是這樣的。本來要講出自己的目標，就是很滑稽的。可是，超越滑稽、努力前進的樣子，是會感動別人的。

像是勝間和代的書《「成為有名人」這回事》（暫譯，由日本 Discover 21,Inc 出版）中有一段文字讓我印象很深刻。

「日本全國的書店，不管我去哪裡，只要有時間一定會拜訪，跟商管類書籍負責人打招呼，交換名片。」

因為勝間女士自己創業的金融生意失敗了，為了手下社員的就業問題，她以「成為名人」為目標開始行動。現在已經非常出名的勝間女士，為了達到「成為名人」的目標，曾經做到那個地步，實在令我低頭佩服，自己哪有什麼可以害羞的餘裕。

還有一點需要注意，不隱瞞「自己的努力」，可是不到處張揚「自己根本就沒有那麼努力」的事。如果只是說說像「我想做這樣的事」這類的許願，可是無法引起別人的關心。

3. 和人往來要細水長流

最近因為twitter和Facebook等社群網站的發達，感覺上成為「朋友」（互相公開個人資料，近距離的關係）的門檻也變得很低。

「見過一次面就是朋友！就用社群網站保持聯絡吧！」最近很多人這麼做，我個人還是不太習慣。因為我覺得人與人的連繫，並不只是0與1，而比較像是色調般曖昧的東西。

在與人來往時，我最重視的是「細水長流」。未來食堂恐怕是只來一次無法百分之百滿足的定食店。實際上像是我們主打的「客製小菜」，也幾乎都不是「從零開始做的客製小菜」。我們會悠哉悠哉地端出了已經做好的小菜或點心，想讓客人認為「雖然今天沒有吃到○○，可是很開心，下次還想再來！」

不是來了一次就「已經盡興了，夠了」，而是來了兩次、三次，慢慢累積到百分之七十的滿足，這是我認為比較理想的經營方式，這可能受到我剛才寫的，我和他人來往的觀念影響很大。

「不是一次就滿足，而是特別留意讓客人容易再前來」的態度，也表現在結帳時送給客人的永久折價券上。

我們送給第一次來的客人一百日圓折價券，只要出示就能永久有效。不用首次消費的特價來大開門戶增加客人，而是優待常客的做法，也常有人覺得這個做法很稀奇。

在幾次的交陪裡，漸漸地了解對方。這種緩慢的連繫，即使很長一段時間沒見到面，也很容易回溫到很親近那時的感覺，我覺得可以長成很強韌的情感連結。

人和人，有那麼容易能馬上敞開內心成為「朋友」嗎？在我的想法，所謂的「朋友」，是進三步退兩步，重覆一進一退的過程，一再重新塗色的關係。

小學和國高中的時候，每天都說著「那麼明天見喔」，這樣緩慢地牽起了朋友的關係。沒有什麼特別的約定，只是到了學校，明天就又能再見到的人。我的個性好像比較重視那種關係的維繫方式。

我不知道這樣的性格是不是在「感動人心」時幫上了忙，不過因為常被說我跟人溝通的方式很奇特，所以特別記載在這裡供參考。

那麼，如果能實踐我寫的這些，一定會逐漸得到許多的好意吧。這之後，又要怎麼回應這些好意呢？我來說說我特別注意的事。

4. 不獨占得到的好意

這跟第三章的〈開始了以後，要如何持續下去〉略有重覆，不過，**如果意識到要如何把從他人那裡得到的東西反饋回去，那麼周圍的人會因此開心的機率就一定會提高。**

回饋時的重點是，**不一定還給當事人**。把從A拿來的東西，送給B，把客人贈送的東西用進料理中，這樣就回饋到全體客人身上，是很好的做法（去年二〇一六年最後一個營業日的跨年蕎麥麵，就加上了客人送的高級魚板）。

只是，最重要的就是，在送出去的時候一定要告訴對方這也是客人給的禮物。

「這是別的客人送的～」多說這一句話然後傳給對方，既能傳達出好意，對方也容易想到「如果自己手上有什麼的時候，也可以拿過來」。**好事不是僅止一次，如何讓它持續循環，就成為重點。**因為透過多次的重覆循環，整個「氣場」也會隨之改變。

很多人常驚訝「未來食堂公開了每月營業額和創業計畫書，真是嶄新的做法」，不過在我個人只是考慮到「這樣公開知識和資訊，可以讓餐飲業全體都變得更好的話，就這麼做吧。」自己一個人獨占全部的好處，我好像並沒有這種想法。

「樂捐飲」（只要捐出一半的飲料給未來食堂，就不另收開瓶費，可以帶任何想喝的東西的機制）也是從「如何回饋」的想法開始的。不知道爲什麼很多人帶東西來送給未來食堂，我覺得「只有店家獨占這樣的好意，太可惜了」，因此催生出「樂捐飲」的制度。

順道一提，要看出一個人是不是樂於分享，從平常的行為就能看出來了。

像是打工換膳者也是，「今天拜託您了，這是我的一點心意」很多人會帶著零食餅乾或自家作物前來，有人會帶米菓那種很多人可以共享的點心，也有只帶一個昂貴點心來的人。帶一兩個數量來的人，應該是想「送給世界小姐」吧。那時候，就算麻煩我也會按人數等分，送給在場的客人，告訴他們「今天從北海道來的打工換膳者帶了土產來」。因為他們就在旁邊看到我送出禮物，就能知道把東西分享出去的喜悅。

實際上，本來沒打算要送客人土產的打工代膳者，因為這樣的機緣，也和客人聊得很起勁，看起來非常開心。

5.「不看輕得到的好意」

像是對未來食堂來說，「打工換膳」可說是從「接受了好意」所發展出的形式。因為很多人對我們的好意，我們才得以營運下去。

不過，不只是接受他人的好意，要讓打工換膳者能夠想著「還想再來幫忙」，有幾件事情我會很注意。

讓他有收穫的回去，不要空手而歸

再怎麼說都是出自好意，來幫忙卻沒實際成果的話，人家不會想「還要再來幫忙」。所以，我會很重視讓他們帶一些正向的情感（＝收穫）回去，像是「學到做菜的方法」「幫到別人了」等的感覺。

不要讓他感覺像是外人

例如，有什麼問題點會大家一起討論，就算是只洗五十分鐘碗的打工換膳者，也讓他聽聽今天定食菜色的解說等等。這樣一來大家都有同樣的方向，彼此也會互相體貼在意，結果就能避免來幫忙的人覺得自己是外人。

「自己能幫到忙嗎？」「現在自己有幫上忙嗎？」大家想必是抱著不安卻又還是「很想幫忙」的心情前來打工換膳，所以就算只是簡單說明他現在正在做的工作（例如：現在你幫忙削的馬鈴薯皮，會搗碎用來做明天的馬鈴薯沙拉喲），也能讓對方不會有「第一次來的自己完全幫不上忙」的心情了吧。

6. 對於得到的好意不過分喜悅

可能會有人覺得，咦！這不是跟前一節說的互相矛盾了嗎？當然，表達感謝，說出「謝謝」，或是告訴他「會加在明天午餐的湯裡端給客人喔」等等，告訴他讓他可以想像實際料理的場景是很重要的。

但是，不習慣收到他人好意的人常犯的失敗是**「過度開心，結果對方反而覺得不舒服」**。

想像一下這種情景好了，不習慣待人接物的阿姨，得到了一點禮物，結果一邊說著「啊啊，竟然送了這麼好的東西……」然後一再鞠躬感謝的樣子。**表明感謝之意也很重要，但是做過頭的話，對方就會覺得局促了。**能夠靈巧地道謝的話，對方會感覺到「這個人習慣收到人家的好意」，也會覺得輕鬆。花花公子大概就是因為言行舉止有餘裕的樣子所以特別能抓住異性的心吧。

「這樣做就能感動人心」這樣講好像有點狡猾，可是絕對不只是這樣的。要感動人的話，首先自己要行動，公開資訊，最重要的是讓對方高興。**你有多努力，別人就會多感動。**

本章整理

1. 為了他人不辭辛勞

十年修得同船渡。如果自己付出一分，對方能接收到十分的恩惠的話，那就絕不吝於那一分的付出。

2. 讓別人看到你努力的過程

「本來很弱的主角在修業後逐漸變強」總是會觸動人心。隱瞞自己的努力不會有好事。

3. 和人往來要細水長流

不要過度期待他人。

交情有時要好有時疏遠，在這樣一進一退的重覆過程中，人與人的關係才會變深。

4. 不獨占得到的好意

讓他人的好意得以循環的話，好意會更大地回饋。不要貪心獨占。

5. 不看輕得到的好意

要滿足對我們提供好意的人的自尊心。讓對方感受到金錢也買不到的滿足感，就會增加對方再提供好意的機率。

6. 對於得到的好意不過分喜悅

滿足對方的自尊心，不過稍微冷淡一點剛剛好。

第六章

備受矚目這件事

覺得「自己跟這一章沒關係」的人，我希望你能讀一下

這一章，是要告訴開始新事業的你，如果因為某個事件或原因引起矚目時，言行舉止該注意些什麼？

也許有人會認為「就算自己開始做了什麼，根本也不可能受到關注」，不過，我正希望那樣的人可以讀讀這一章。

會這麼說是因為我從來也沒想過我會得到這麼多關注。但因為未來食堂一開店就突然備受矚目，當時的我感到很迷惑，真的很痛苦。

備受關注的時候，應該怎麼表現比較好？我發現沒有任何書或人教導這件事，所以當時很孤獨不安。如果你也遭遇到同樣的情況，我想應該可以稍微讓你參考，所以就寫下自己的體驗（用自己來說明，真令人害羞）。

對於接下來要開始新事業的你，可能這一章會在以後才會派上用場。不過，如果當你真的遇上時，你可以回想「世界小姐那本書曾經有說過呢」。

※ 未來食堂的媒體狀況

從未來食堂剛開店的時候開始，就受到眾多媒體關注。開店一年內，上了九次電視、報紙報導三次、廣播八次、雜誌（月刊）八次、網路二十六次，尤其網路上的採訪報導累計達到十萬次分享。出版的話，這本書是第三本。還有二〇一六年時，獲得「日經二〇一七年度女性」獎。

這一章想說的事

1. 受到矚目的優點
—— 優點1：營業額提高
—— 優點2：認同理念的人增加
—— 優點3：機會變多
—— 優點4：成為人脈的中繼站

2. 受到矚目的缺點
—— 缺點1：被誹謗中傷、批評批判
—— 缺點2：來店客人的期待值上升
—— 缺點3：蜂擁而至的採訪邀約所帶來的壓力
—— 採訪的事前確認作業和對採訪者的請托

1. 受到矚目的優點

被矚目的優點，可說大概有以下四點。

▼營業額提高

▼認同理念的人增加

▼機會變多

▼成為人脈的中繼站

優點1：營業額提高

因為未來食堂是餐廳，最簡明易懂的好處就是營業額提高吧。被關注就是好宣傳，會幫忙增加很多新客人。

可是，我也常聽到這種說法：「媒體一報導，新客人會一口氣增加，常客反而因此不來了，所以本店拒絕媒體採訪」。到底被媒體報導是好事還是壞事？

確實，「因為媒體報導，結果常客不來了」，是很可能發生的現象。不過，因為媒體曝光引發的來客巔峰（因媒體不同而有不一樣的周期），可以事先預想的話，就可用事前多準備一些備料之類的方式來應付，這樣就能處理客人爆量的狀況。如果是愛護這間店的常客，他們會知道「啊，又上電視了」，就會錯開時間過來。（我發現很多未來食堂的客人，在這層意義上，都很知道怎麼面對因媒體報導引發的爆滿情況。可能是因為我們很頻繁地受訪）。新客人裡，有幾成會因為喜歡，於是頻繁地來光顧，所以貼上「新客人ＶＳ常客」的標籤，其實非常可惜。

比起「熟客不來」引起的營業額下滑，大家不太談的「暴露在新客人眼皮下」的壓力，我覺得其實是被媒體報導後的較大缺點。關於這個缺點我後面再說明。

未來食堂的立場是，只要是能滿足採訪標準（稍後會說明）的媒體，原則上我都會接受採訪。

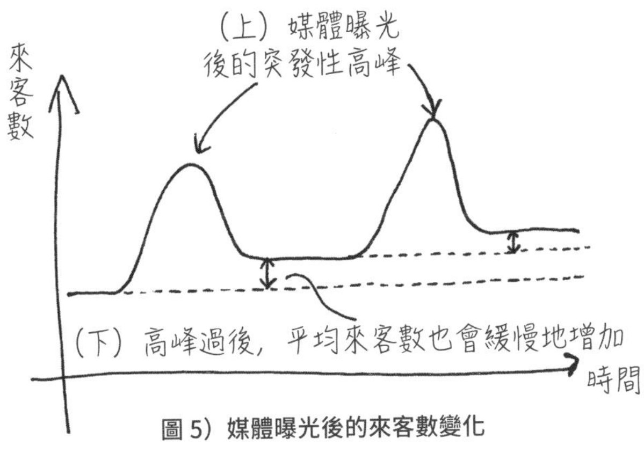

圖 5）媒體曝光後的來客數變化

●一時性的營業額高峰減退之後，會變成怎樣呢？

因為媒體的曝光，客人會在短時間內暴增。未來食堂在最熱門的情況曾經達到一般情況的四倍。但那不會永久持續下去。那麼，過了高峰期，來客數會回到之前的狀況嗎？

把來客狀況做成圖表的話，就如圖所示

在經驗上，突發性高峰過去以後，平均來客數還是會有所成長。例如一天的來客數從平均翻桌三次增加到四次。

應付突發的來客高峰很辛苦，不過在過了那一波人潮之後，整體的來客數平均值也會提高。所以，**媒體曝光這件事，絕對不是只有一次性、無意義也不會重覆產生利益的「火耕商業」**[3]。平均值成長的理由，有以

3 由火耕農業衍伸而來的商業形式。火耕農業是指焚燒森林以取得耕地，當地力枯竭時再找尋新的耕地。已成社會問題之一的火耕商業是指大型連鎖店進駐地方，將該地商機一網打盡，但因過度競爭，導致不符成本後，就從該地撤離。

下兩點。

▼因為在高峰期來的客人，會想「再來」所以再度光臨

▼在媒體報導後沒有馬上來店，過了一段時間才來

如果在高峰期間，也能提供讓客人想要「再來」的好服務的話，受矚目也會成為優點吧。不過，遠超過一般時期幾倍的來客量，而且是對店家平常的做法不熟悉的客人大舉前來的話，接待客人和餐點製作的負擔也會增加，即使是「提供一直以來的服務」都會變得困難……

另外，關於隔了一段時間才來的新客人，我會在專欄2「媒體曝光效果的測定難度」（第二〇四頁）中提到。

優點2：認同理念的人增加

做生意，不只是「只要能賣就好」，像是企業理念和我們想要的未來方向等等，

有些事是在長遠的眼光下想實現的（可能會被笑太過理想化了，不過我就是這種人）。

未來食堂是「接納任何人，適合任何人的地方」，宣傳推廣這件事，也是我的事業理念。

根據媒體的報導切入方式，有些媒體也會一併報導我的這種理念，於是也增加了認同我的未來方向和理念的人。雖說**能不能引起共鳴是因人而異，不過不傳播出去的話，別人根本不會知道**，因此媒體曝光還是有意義的。例如，之前就有遠從鹿兒島縣最南端的與論島前來的客人，據說那位客人的鄰居也知道未來食堂的事。

但是，像這樣，即使與論島有某人因此知道了未來食堂，未來食堂這樣的餐廳（受限於場所的生意）的營業額也不會因此增加。**我是因為希望認同我理念的人可以增加，於是頻繁地受訪，但是如果造成本業的荒廢，就是本末倒置了。**

另外，可能有人也會考慮到「電視節目是依照製作單位的需求剪接的，不必說什麼理念能不能傳播出去了，根本就會被曲解，所以我不接受採訪」，可是，如果能確實將我們內心真正的想法告訴他們，就不會發生那種事。關於這一點，我會在第七章的「不偏離主軸」做說明。

優點3：機會變多

被媒體報導得到關注以後，會得到一些從沒想過的工作機會，像是跟名人對談、書籍或雜誌的邀稿、演講的邀約工作等等。

當然，因為那些工作不是本業，所以也可以拒絕，對我來說，是覺得既新鮮又有趣，會盡可能接下來。可能因為經營餐廳平時很難離開店裡，所以也因此更感到開心。

譬如說出了書以後，變得更有名，也有其他出版社帶了新的企畫來洽談。

和本業之間的平衡很重要，不過，**累積從未體驗過的經驗，也是很大的好處。**

特別是未來食堂，為了要實現「接納任何人，適合任何人的地方」的理念，其實並沒有一定只能以餐廳的形式持續經營，所以能藉此窺見餐飲業以外的世界，摸索其他的可能形式，也是很寶貴的機會。

優點4：成為人脈的橋樑

我們常說「人滾人」，受到矚目，客人很多也會變成誘因，招來更多的客人。

以「打工換膳」為例來思考吧。

對於有心想創業開餐廳的人來說，「打工換膳」是很適合的修業場所，這件事經過電視報導以後，即便住很遠的人也會特地前來。一般來說，想開餐廳的人幾乎很難碰到同樣要開店的同伴，但是因為「打工換膳」的緣故，可以在此遇到很多相同志向的人。開店以後，可以持續聯絡，或是透過「打工換膳」，互相交流彼此的知識及資訊。

「打工換膳者」會引來其他「打工換膳者」，未來食堂就更加興隆了。不只是想開餐廳的人，例如有打工換膳者提到「正在思考創造地方就業」，我就想到「下禮拜三要來的打工換膳者也在講一樣的事」，於是介紹兩人認識，這種事常常發生。成為人與人之間的橋樑，共享智慧，這樣一來機會也會變多，可以說是很大的好處吧。

2.「受到矚目的缺點」

受矚目不是只有好事。我也整理一下實際上體驗到的缺點。

▼被誹謗中傷、批評批判

▼來店客人的期待值上升

▼蜂擁而至的採訪邀約所帶來的壓力

缺點1：被誹謗中傷、批評批判

說到出名後的缺點，最先浮現腦海的，就是「誹謗中傷」了吧。

確實，除了完全是謊話的誹謗中傷，也有些批評來自某些有相當知識程度的人士。像是未來食堂開店前寫的部落格，公開了創業計畫書，就有「企業諮詢顧問」在網路上批評「這種企畫絕對不可行。沒有特色料理是致命傷。撐不了幾個月吧」。

尤其是上了電視以後，批判的人更加肆無忌憚，「不想去臭臉店主的店」「看起來不好吃」「這要九百日圓也太貴了吧」「讓人免費工作，店主是貪錢的XXX（在此就不詳述了）」……

〈處理方法〉

我將它們分成兩種，一種是毫無根據的「誹謗中傷」，一種是討論者只為了說自己想說的，把未來食堂當沙包來打的「批判批評」。

●誹謗中傷：某種程度來說，是無可奈何的事，只好放棄對話

我曾經因為這件事，請教過未來食堂的客人，也是Lifenet保險公司的會長出口治明先生。出口先生用輕快的京都腔回答我：「有個二：六：二的法則，世界上肯定存在兩成『喜歡你的人』，六成『對你沒特別感覺的人』，兩成『討厭你的人』。唉，這是沒辦法的事。」

沒有能百分之百被喜歡的人，樹大就會招風。

回想起來，對那些無憑無據的誹謗中傷，我好像已經變得很有耐性了。但這有可能是因爲前面提過的，我的名字很特別，高中和大學都穿和服上學等等這些理由，所以從我小就有很多「備受矚目」的經驗，可能就像是一定要繳的稅一樣，我也能承受那些逼近我的誹謗中傷吧。

相對的，就連「習慣被攻擊」的我，在媒體（尤其是傳統媒體）曝光時所受到的誹謗中傷，一開始還是衝擊很大，這麼一想，在被攻擊時，不管再怎麼有耐性，也許只能當作是「沒辦法的事」。我覺得找人商量也是一個方法。意外的，有時只要說一說就能排遣了。

●批評批判：重要的是不要太過神經質

像前面說到的，「未來食堂搞錯了ＸＸＸ」的這種的批判，說得直接一點，就是跟誹謗中傷同一個等級而已。大概都是那種「一次也沒來過店裡」的人的「批評」。

就算是來過一次，對我來說，也沒有說服力。因為我認為想要理解任何事物時，去個五次十次以上，才會真的看到什麼。如果是明確的客訴就有必要處理，但是這類的批評，**就當作「世界上真的有很多不同的想法呢」，好像去了趟海外旅行一樣的心情，巧妙地閃避掉是最好的。**

順道一提，未來食堂經常因為「在成熟的餐飲業界的革新經營法」而受到各界注目，但如您所知，每次這種報導方式一出來，就會湧起「企業諮詢顧問」或「經營者」的批判。

還有，不光只有毒舌的批評，也獲得了很多的稱讚。對於那些正面的讚美，又該怎麼表現比較好呢？

這只是我的個人意見，我認為**不要被稱讚等正面評價給迷惑，也很重要。**別人即使稱讚你「好」，他們是看了什麼覺得好，我們無法推測。即使能推測，當事人的理解大部分都是極為淺薄的（只要是創作者，恐怕都會經不只一次體會過這樣的違和感吧）。

對方如果喜歡的是表層，那也只是一時的。**如果把被人喜歡當作自己的認同價值，當外面的風向一轉，同時粉轉黑的狀況時，就會無法承受了。**別人的評價，不管是好是壞，不要太在意是很重要的。

未來食堂因為「零廢棄的機制」「超越既有的貨幣經濟的新形式」，常常受到讚譽。（二〇一七年被選為日經年度女性，也跟這些社會上的讚賞有關吧）。不過，這樣的形式被讚「好」，只是因為很偶然地社會的潮流也剛好傾向於此而已。當社會潮流一轉變，瞬間轉向被辱罵的那一邊，也是很有可能發生的事。讚賞什麼的，不過是這種程度的東西。

再順道一提，自我搜尋，也就是在網路上檢索自己的名字或公司名（我的情況就是檢索「未來食堂」），有人說會「這樣容易累積壓力，所以不要這麼做比較好」。我基本上也贊成這種意見，不過因為未來食堂的難處是作為 B to C 的企業，在網路上的問題會反映到實體店鋪。

我之後也會提到，未來食堂的採訪報導第一次被瘋傳（網路上有三萬次分享）時，我完全還沒能想到對策，所以店裡發生了大混亂。

像這樣，網路上的動向和自己的生意息息相關的情況（在未來食堂也會影響到備料的量），這樣還不「自我搜尋」就太不用心了。

這個缺點的特徵是，比較能和別人坦誠。因為不難想像出名以後會受到誹謗中傷，所以對方也不會覺得你是故意說來讓人羡慕的，所以商量的對象就不太需要特別挑選。如果你的個性是和別人談談，精神就會放鬆的那種，和親近的朋友聊聊也是一種好方法。

缺點2：來店客人的期待值上升

因為未來食堂是B to C的餐廳，媒體一關注，客人就會增加的這個好處，剛才已經提到了，但這也表示期待（或會想批判）「跟電視上看到的一樣」「超棒的商業手法」的客人也會增加。如果是不必帶入感情、完全機械式操作的話，像觀眾一樣的客人不管怎麼增加都好，不過未來食堂的情況，有「客製小菜」等，有很多比較曖昧的「人與人之間的往來」這種非機械式的服務，在這點上，觀眾增加，就會發生很多難處理的壞處。

本來服務業就很難完全是機械式的操作。在媒體曝光，觀眾增加，因此產生壓力，也是不難想像的吧（純屬個人意見，不過我想那些「拒絕媒體採訪」的餐廳，應該也是受夠了這種壓力吧）。

剛才提到的「優點」項目裡說到「暴露在新客人眼下」（第一七二頁）的缺點。

「比起『常客不來』引起的營業額下滑，大家不太談的『暴露在新客人眼皮下』的壓力，我覺得其實是被媒體報導較大的缺點。」

也許你會認為「那也是沒辦法的吧」，例如，曾有過某著名的企業家在部落格介紹未來食堂時，應該是那個部落格讀者的商務人士都跑來了。大體上，那些人只要有一個人來店裡，就會一直拍照。那種人塞滿店裡時，宛如什麼「知名拉麵店」一樣，空氣中滿滿的殺氣，而在吧檯中間的我，在停不了的快門聲裡完全憔悴了（實際上那個時候，完全不知道發生什麼事而來到店裡的客人，曾經跟我說過「殺氣好重的店呢」）。

我是造成這一切的禍首（？）所以還好，對打工換膳者來說，本來應該只是輕鬆地來協助，卻陷入在他人注目禮下工作的困境，「像是被關在動物園的籠子裡一樣」，有人因此提出想改到沒有客人的時段工作。

也有一定比例的新客人，完全不打開自己的心房，卻「堅持『我都付了錢所以應該有權利得到跟報導一樣的服務』，一點也不讓」。

那種人一來，現場的空氣都會瞬間變化。加上本來的預設客層難以進來的缺點，還會發生在現場中心的自己也都氣弱的缺點。

隱藏真心的不特定多數人（不放棄觀察者立場的人）大舉前來，是讓人心很疲憊的事。

未來食堂的「打工換膳」，是讓不特定的多數人進入廚房（一般不讓客人參觀的店的內側）的系統，所以很多人認為「每天和不認識的人一起工作，心理上感覺很辛苦」，不過比起新客人一舉出現的心理壓力，其實算不上什麼。

就算是已經透過「打工換膳」習慣接觸不特定多數人的我，還是很痛苦。**「暴露在新客人眼皮下」的心累，恐怕遠超過你的想像。**

而且，這個缺點，不像是批判批評，不是因為對方發送了什麼負面訊息，大至是心理上的壓力。就算你跟別人吐了「來了好多新客人，壓力好大」的苦水，別人可能也會喝斥你「只想在有限的常客裡和樂融融，這種想法太天真了」。如果不是有相同經驗的人，是很難得到對方理解的。

〈處理方法〉

●找有同樣處境的人商量

「新客人ＶＳ常客」的對比大概很多人感覺上能夠理解，不過「來了好多新客人壓力好大」的這種感覺，沒體驗過的人是很難湧起實際感受的。跟同業說起的話，搞不好還有被認為是在炫耀的風險。如果真的太痛苦的話，就來未來食堂「打工換膳」好了……這話雖然是半開玩笑，不過這類「好處帶來的缺點」（有錢人的壞處，美女的困擾之類），並不是能讓很多人理解，能在街坊傳播的東西，所以有必要限定聊天的對象。（順道一提，我沒有可以商量討論的對象，所以滿痛苦的）。

●創造可以支援的隊友

雖說是「暴露在新客人眼皮下」，但是光靠一個人承受或是兩三個人承受，心理負擔卻會完全不同。

像我的狀況，前面提到未來食堂變成「知名拉麵店」狀態的時候，很難站在吧檯裡太久，打工換膳者就陸續代替我站外場，真的是被他們拯救了。

話雖如此，那是打工換膳者的善意，也不能強迫。因為未來食堂是個人經營的餐廳，並不是以團隊模式經營。

一個人負責全場的店，很幸運周遭有可以理解的人們，這時候感恩地接受協助也很重要。

缺點3：蜂擁而至的採訪邀約所帶來的壓力

只要一受到矚目，「請讓我們採訪」的邀約就源源不絕。像是未來食堂一開始被注意到的時候（第一次的採訪報導在網路上達到三萬次分享時），幾乎每天我都收到電視台、網路媒體或出版社編輯的名片。

另外，我「收到的名片」並不限於媒體。不管是名人或想要成名的人，總之想宣傳自己的人，都會拿名片給我，每天工作結束時，就像在數撲克牌一樣堆了一堆名片。收名片、聽對方想說的話，結果當然影響到其他工作。

餐廳在客人比較少的時段，看起來好像很閒，但我會利用那種時間做晚上的小菜或是準備隔天的食材。所以，就算「看起來好像很閒」，可是如果採訪邀約很多，就處理不了隔天的食材備料，隔天就會亂七八糟。開幕後一個半月時發生的第一次爆紅，在我的心裡留下了痛苦的回憶。

然後，等到熱潮消退以後，例如收到採訪邀約的電子郵件，但必須回給A公司跟B公司同樣的內容，這作業也非常繁雜。尤其是有時是在有客人在店裡用餐的情況下接受採訪，所以，**有必要事先對採訪端表明優先待客的原則**。

〈處理方法〉

未來食堂在網路上公開了「給媒體的請託」的全文，而且來邀約採訪的媒體，我也會回信給他「本店網站製作了『給媒體的請托』，請先過目。」

另外，未來食堂是個人經營的餐廳。在早上忙碌的備料時間或是營業時間內打來約訪的電話，我必須停下手邊工作來處理，曾經讓我壓力爆表。

會說「曾經」，是因為現在我不公開電話號碼了。

未來食堂的網站上記載了電子郵件和住址，但是電話號碼絕不公開，所以把它拿掉了。各種邀約或詢問，都透過電子郵件聯繫，如此一來，日常工作不會受到干擾，對我幫助很大。

接下來我想跟大家聊聊，「給媒體的請託」實際上寫了哪些內容？我是經歷了什麼過程才寫下這樣的東西呢？

採訪的事前確認作業和請托

謝謝您對未來食堂感興趣。

在接受採訪時，我也有幾點想拜託您。

●首先，請來店裡當客人

未來食堂是間定食店。因為「客製小菜」「打工換膳」「樂捐飲」等新制度受到關注，但我們本質上還是餐廳。為了讓您真正理解這一點，希望您能來店當客人。如果因為距離太遠，或有什麼難處的話，請隨時讓我知道。

※來到店裡時請給我名片，或是在約訪的郵件中註明已經來過了。如果在約訪郵件中沒寫明已經來過了的話，不回信的機率會變高（因為您不說的話，我不會知道，請您理解）。

●希望採訪的文章能免費公開

未來食堂公開營業額及創業計畫書，因為我們認為公開化、共享有助於產業進化。如果把未來食堂的文章設為付費，只能由一部分限定的人閱讀，這種模式不是我希望的，必須事前討論（大眾媒體可）。

※這是免費受訪的情況。如果是收費的採訪就由採訪方決定。

●請教記者先生小姐之前的報導和刊登媒體

未來食堂的理念是「創造『接納任何人，適合任何人的場所』，並且推廣這個理念」，如果和我的理念相反，我可能無法接受採訪。

●貴社如果是傳統媒體

基本上接受採訪。

●貴社如果是其他媒體

如果和過去接受過的採訪內容相同的話，收取採訪費用。若不是金錢，也可以用其他對未來食堂有好處的東西代替（食材或是「打工換膳」等）。

但是，如果好處是為「貴店宣傳」的話，只要能提保證有一萬次分享的證明，請事前以郵件提出。

●如果可能的話，在草稿階段，就請讓我確認報導文章

之前曾經發生寫錯營業日和姓名的事情。

※請不要在公開發表後才告知。

●請竭盡所能避免錯字漏字

如果錯漏字太多，可能我會不同意您的刊登。

●請盡量用電子郵件連絡

●營業時間內的採訪必須包場（收取包場費）

未來食堂在營業時間（早上十一點到晚上十點）內沒有休息時間。因此，如果想在營業日專訪，我會收取包場費，在客人無法入店的安排下，再來進行訪談。否則在營業時間內，就只能做 YES／NO 之類的簡短回話，敬請諒解。關於包場費，請見官網內「商借場地」的收費說明。

●在店內拍攝時，請貼上聲明板（※影像採訪）

有些客人不喜歡電視拍攝。

請貼上寫著「電視台名、節目名」「店內攝影中」「可照常入店」等說明的板子。請寫下以下句子：「〇〇台 XX 節目採訪攝影中。可以照常進入店裡。不好意思造成麻煩。」

●以下文章是未來食堂的官方內容，可以自由引用（照片也ＯＫ）

未來食堂網站（http://miraishokudo.com）

未來食堂部落格（http://miraishokudo.hatenablog.com）

●刊載報導一覽（http://miraishokudo.com/publishing）

●常見問題

◇想開始做餐廳的動機是？

「決定『開店』是在十五歲，人生第一次一個人踏進咖啡廳的時候。有了『要開這種店』的想法，現在想來，因為當時發覺了自己並不是『學校裡的自己』，也不是『家裡的自己』，而是『自己』真正的樣子，是從接納自己的感覺中萌生出來的念頭。」（引用自未來食堂部落格）

◇關於今後的商業模式

「未來食堂大概會超越一般餐廳的框架吧。一直做餐廳，而且是只有吧檯座位的定食店，實在沒什麼好衡量的餘地。另外，也不是在朝餐廳成功經營這方面有什麼特別的目標。這樣考慮的話，就不該從「餐廳」的做法來衡量，而是轉換到別的某種概念，重新度量，思考未來。

未來食堂之後會轉化為什麼形式呢？我現在還沒辦法給出答案，對此我並不感到羞愧。承認現在的自己沒有能力，把擦亮未來食堂的招牌當成自己的使命，希望將來有一天更好的人出現時，能回頭注意到我，和我一起找到答案。我也不過是其中一個參與者罷了。」（引用自未來食堂部落格）

◇個人經歷

小林世界（Sekai Kobayashi）

東京工業大學理學部數學科畢業後，於日本 IBM、Cookpad 做了六年半工程師，經過一年四個月的修業，開了「未來食堂」。

以上。謝謝您的閱讀。

（二〇一六年十二月四日公開時的內容的簡化版）

我個人的感覺是，因為這樣好好請託的態度，來未來食堂採訪的各位媒體，都是禮貌到讓我不好意思的人們。我常聽說「媒體，尤其是電視的採訪很粗魯」，不過我從沒那樣感覺過。

可能有很多狀況是「如果認真請託的話大概會接受吧，不過不知道怎麼跟對方拜託，結果就有個隔閡在心底」。確實，如果沒有經過幾次經驗，會很難知道該怎麼跟採訪者請託。參考未來食堂的這個「請託文」，創造出自己的規則也是個方法。

對方接受我們的請求，我們回應對方的心情。這種雙贏的關係，應該就能做

出更好的作品。

那麼我的「請求」是怎麼成形的？請按照順序看下去吧。

●首先，請來店裡當客人

每天要寫很多報導或製作節目的製作人，可能因為很忙吧，當初常有在電話裡單方面告知「我是〇〇（節目名稱等），想到貴店採訪。」不過一一回應這種內容的邀約，花了很多時間，一間個人經營的餐廳，無法這樣做下去。

我認為，本來如果想要採訪的話，就應該先到店裡來吧。其他的店家經營者大概也都會認為「先來一次再來邀訪吧」，不過就算如此，還是會輸給「我們要來採訪喔」的誘惑，最後就放低姿態，無法正視自己的需求。

可是，如果有正當理由（未來食堂的話，比起奇特的系統，首先希望對方理解我們是餐廳），採訪者也會明白的。

假設「想要採訪未來食堂」的人有十位，如果裡面只有三位認為要「實際去店裡走走」的話，只要跟這三位來往就好了。

●希望採訪的文章能免費公開

未來食堂原則上是免費接受採訪的。不是為了錢，是因為我的目標是散播未來食堂的理念。所以，不希望只有付了錢的少數人才能閱讀。

像是雜誌採訪，雖然雜誌本身要付費購買，但就會以希望在網路上能公開採訪內容全文的方式和對方溝通。至於傳統大眾媒體，雖然能看到的人限於有電視和買報紙的人，不過這些是社會的基礎建設，所以我把媒體定義為可以「免費公開內容」的地方。

●請教記者先生小姐之前的報導和刊登媒體

譬如如果約訪者是激進派的情況，未來食堂可能會受到誤解，所以我會拒絕。

不過開店後經過一年半，還沒有遇過和媒體的想法不合的狀況。

●貴社如果是傳統媒體

●貴社如果是其他媒體

會劃分傳統媒體和其他媒體，是因為邀約的數量增加，有必要清楚表示我是用什麼標準接受媒體採訪。

之所以會這樣，是因為採訪時總是被問千篇一律的問題。心理上極為疲累，我認為只有自己宣稱「我不想接受這種採訪」，事情才會解決。

像我因為一直被問到大學理科背景或是工程師工作的經歷，同樣的問題一再被重覆，比想像的還要痛苦（會這麼痛苦可能也是因為我的個性）。而且刊載出來的文章，看起來都有種既視感，每篇都很像。

一直被問同樣的問題，刊出來的文章還需要我的校對，想到這樣的負擔，所以沒辦法總是爽快地答應採訪。

所以，我會因為媒體的影響力來區分我的處理方式。

●如果可能的話，在草稿階段，就請讓我確認報導文章

經常發生寫錯名字或店名的事。而且，只要報導一刊出，即使之後發出訂正啟事，都比不上報導一開始的傳播速度。能在公開發表前修正是最好的。

●請竭盡所能避免錯字漏字

這是我個人的意見，但是刊登出來的文章如果錯字漏字很多的話，不免讓人不安，會懷疑「這個人到底有沒有認真在工作……」

或許有人會認為「這不用特地寫出來吧」，實際上我拿到過好幾次錯字漏字狀況令人驚訝的稿子，所以會要求對方讓我事先確認。

●請盡量用電子郵件連絡

●營業時間內的採訪必須包場（收取包場費）

因為是一個人負責全場的餐廳，所以如果接受採訪或處理邀約電話，就無法好好接待店裡的客人。

而且，也曾經歷過客人在店裡的時候，被問到「想請教關於原價率以及如何更有效率」之類的問題時，不得不回答這些業內和深入的事情，感到非常痛苦。未來食堂雖然在網路上公開了包括了原價率的營業額，關於提高效率所花的功夫也都整理在部落格或書裡了，不過，這可不是在想要慢慢享受食物的客人前適合聊的話題。

至於包場費用，我認為，對客人來說，比起「因為受訪中所以現在不營業」，應該更能接受「因為包場所以暫不營業」吧。

感覺上，用「媒體取材中」的理由拒絕客人，好像是不站在客人這一邊。如果付了包場費用，那麼要做什麼都是包場的客人的自由，所以我請對方付費，作為客人使用店內空間。**我不希望因為是媒體所以就給特別待遇。**

●在店內拍攝時，請貼上聲明板（※影像採訪）

很多人不喜歡被攝影機拍攝到。沒貼板子的時候，客人在進店的時候才發現有攝影機，心情會不愉快，但因為已經進到店裡也不能出去……我經常看到他們很不舒服的樣子。

因為在入口處貼了聲明的板子，所以不喜歡被拍到的客人就不會進來，營業額會比平常低，不過，讓客人感覺舒服是最重要的，所以這是必要的做法。

連板子內容要如何寫都規定好是因爲，以前寫「○○台ＸＸ節目採訪攝影中。敬請協助」，於是那一天的營業額陡降到一半以下。因為他們只寫了「敬請協助」，看到的客人會以為「不能進到店裡」，那也是無可奈何的。

在那之後我就一律請對方在板子寫下我要求的句子了。

採訪者也不是因為有惡意故意要讓店家營業額變少的。不過，對每個人來說「普通」的定義都不一樣。對於預料外的處理方式，不是拒絕，而是訂下規則，摸索出雙方都可以順利行事的方法是最重要的。

●以下文章是未來食堂的官方內容，可以自由引用（照片也ＯＫ）

因為受訪時經常被問到「有可以刊出的照片」嗎?所以我放在官網上。

●常見問題

我將經常被問到的問題整理出來。這樣被重覆詢問的次數減少，對我也很有幫助。

雖然有點長，不過我解釋了出名後的缺點之一「蜂擁而至的採訪邀約所帶來的壓力」，以及為了處理而製作的「給媒體的請託」。

如果突然受到矚目，採訪邀約紛紛來臨，感到困擾的話，可以把未來食堂的「請託」當作基礎，製作一個適合你的「請託」，也許會有所幫助。

我應該已經說明清楚備受矚目的優缺點了吧。因為缺點的地方還加上了處理方法，所以文字量有點多，不過如您所見，絕不是只有缺點。

每當有客人告訴我「我是看了電視才來的」，也會接到從遠方寄來的鼓勵書信，所以我總是充滿著感激之情。如果我當初只是照著一般的經營方式，就沒有機會跳進拓展開來的圈子裡，更不會看到不同的新事物了。

「備受矚目感覺好辛苦」，所以迴避也是一個方法。不管您判斷為何，如果我不成材的體驗能成為您的參考資料，就是萬幸了。

專欄2——

媒體曝光效果的測定難度

這一章寫到「在媒體曝光後，會有突發的來客量增加，但突發的高峰過去以後，平均來客數還是會慢慢增長」，不過到底媒體曝光的效果到底有多大呢？

實際上，要測定「上了〇〇〇有多大效果」，是非常困難的。理由大概有兩個。

1. 一直上媒體，就難以推測哪個媒體才是爆紅原因

媒體曝光引起的來客數增加，不只是曝光之後馬上發生的。有很多是

過了一陣子以後，才來的「我之前看過！」的客人。那種客層和下一個媒體曝光重疊時，就很難知道客人是為什麼來到店裡。有時候被某處的媒體採訪後，其他媒體也隨之而來，未來食堂的情況是，媒體曝光會有長達一年的連鎖效應。所以很難測定效果。

2. 客人自己也不記得是看了什麼媒體報導來的

例如有客人說到「有上廣播節目對嗎？我聽了節目來的」，但問到「謝謝。是哪個節目呢？」大部分的人都會回答：「是什麼呢……也忘了是什麼時候聽到的」。網路、報紙、雜誌、廣播、電視，在各種媒體被報導了很多次，所以幾乎沒有客人能很明確地回答出「看了〇〇來的！」因此，很難知道是因為什麼來到店裡。

當然，如果各媒體加上可追蹤的資訊，例如「說出『看了ＸＸ』就有來店禮」的話，就能知道是哪家，但那僅限於自己管理的媒體。比如接受報社採訪的報導裡，如果沒得到報社的同意很難寫上「〇〇來店禮」吧。

電視會在播出後馬上有爆增的客人，報紙的話會在發行一個月以後緩慢地增加，各媒體有不同的特色。不過，明確測定所帶來的效果並不簡單，所以雖然我經常被問「上了〇〇媒體果然對客人上門有影響吧？」這也成了難以回答的問題之一。

本章整理

1. 受到矚目的優點

——營業額提高

短期營業額會增加，在高峰平復以後，營業額也會逐漸上升。

——認同理念的人增加

從全國各地寄來粉絲信。能接觸到跟平常不一樣的客層。

——更多機會

會有沒想像過的工作或生意的請託上門（只有這件事，不到那個時候

的話不知道什麼會上門）

——成為人脈的中繼站

知名度愈高愈會帶來人潮，人氣所在地就更有人來。

2. 受到矚目的缺點

——被誹謗中傷、批評批判

天外飛來毫無根據的誹謗中傷，雖然知道這種事會發生，但還沒習慣的時候很受打擊。每個人都是那樣的。

——來店客人的期待值上升

也被說過「跟電視上看到的不一樣啊！」大家都是那樣的。

——蜂擁而至的採訪邀約所帶來的壓力

面對採訪邀約，事前用書面資料統整我的想法，對方也能減少無謂的辛勞。

第七章

出名之後要注意的事

「搞不清楚」的狀況會造成超乎預期的壓力

我其實不太擅長在人前講話或是社交。要說什麼、說到什麼程度，談話的內容總是讓我很困擾。我沒有公關專業的幫手，一直都是一個人做判斷。因為身邊沒有相同狀況的人，所以也無法聽取別人的建議。

至此，我已經分享了受到矚目以後的優缺點跟處理的方法，不過，在那之前，受到注目出名以後，還有幾件「必須注意的事」。會這麼說，是因為出名以後，會出現很多沒想像過的選項，會有搞不清楚要怎麼判斷選擇的事。

「要不要接受採訪」等選擇也是其中之一。雖然是重大的事情，但是在看不清未來的情況下，就被迫面對「可以採訪你嗎？」的選擇。

選得正不正確，也無法單純地看出來。「接受這個採訪會怎樣嗎？」在搞不清楚的狀況下向前走，會造成非常大的壓力。

這裡我寫的是一個「事先」，也不過就是「我這樣做了，所以變這樣」的結果。或許還有更好的選項。不過，事先了解我的前例以後，一定能有助於你判斷吧。

我是這麼相信的，所以即使很笨拙，想要在此說說自己注意的事情，以及我是怎麼進行的。

這一章想說的事

1. 常見的不安
2. 面對採訪者
3. 不偏離主軸

1. 一常見的不安一

一開始有人來聯絡說「我叫〇〇〇，希望能採訪貴店」時，會因為開心和緊張興奮不已吧。我也是一樣。回顧之前，我發現我對某些事感到非常不安。

我這種人受訪沒問題嗎？

把採訪的內容寫成好作品是對方的工作，所以沒必要太介意。太過謙卑說些什麼「像我這種的……」的話，會占用到對方說明的時間，影響採訪順利進行。

總是講類似的內容沒問題嗎？

一再被訪問，可能會因一直在講同樣的事情，而覺得焦慮。不過，只要想著「一次採訪不可能讓全國的人都看到（＝要傳播到更廣的地步，多次重覆相同內容是有必要的）」「老問相同的事情就是採訪者的責任了（沒研究已經採訪過的內容的話，是對方有錯）」，就可不用過度在意（但是，如果自己一直講同樣的事會很痛苦，也可以事前先和採訪者討論）。

但是，比起這些顧慮，有更重要的事。那就是「面對對方（採訪者）」。

2. 面對採訪者

「要說什麼呢？」「該怎麼說才能如實傳達出我的想法？」我想受訪的焦慮是說不完的。可是，**你考慮過「採訪者」的心情嗎？**

聽起來也許很傲慢，我自己在受訪的頭幾次，光是回答問題就已經累壞了，從沒考慮過採訪者的心情（實在非常抱歉⋯⋯）。

可是，幾次受訪下來，習慣那種場合以後，有一天突然想到，來採訪的人也一樣是人啊。只聽別人講話難道不痛苦嗎？而且，採訪者的工作就是採訪，每天一定都有很多件採訪工作。這麼一想，每天要聽別人講好幾個小時的話，而且還要面對滿滿的「好多話要講」的我（或是你），難道不痛苦嗎？

也許你會認為「那是他們的工作，所以不用太在意」，可是對方也是人。**如果能讓他覺得舒服，採訪的品質也會提高，結果也就能寫出好文章。**像求職活動的手冊裡常看到一些指示「不要只是回答被問到的問題，讓面試官開心一點」，應該是一樣的道理吧。

你就是你所致力的工作的傳道士。**把採訪者變成你所致力的工作的粉絲，是你被賦予的使命。**向粉絲說出你想講的事，還是向心裡想著「已經是今天第三個採訪了……好累」的人說出你想講的？無疑前者會仔細地發掘你真正的意思，好好寫文章吧。

那麼，我就來說說具體上我是怎麼「面對採訪者」的。

採訪的十分鐘前，我一定會做的事

在採訪開始前，我會在網路上查看該媒體的最新資訊。並且稍微往前回溯內容，掌握一定期間的資訊，在對話時只要能很自然地提到，對方會知道「啊！這個人讀了我的作品啊」，而因此對我產生好感。

前一天先確認也可以，但採訪開始前（十分鐘前），我也會再看一次。因為網路的更新很頻繁，所以在開始前確認的話能掌握更新的資訊。如果在開始前還注意這件事，對方也會感受到我重視的態度。

如果是電視節目的話，我會看已經播放過的兩三集節目。如果是雜誌採訪的話，會在舊書店買舊雜誌，事先看過。

如果像在炫耀自己看過的資訊一樣跟對方講話，專程準備的內容只會帶來反效果。不用故意說出來也沒關係，像是讀以前的報導，就能知道對方有興趣的題材，或是了解最近關注的事情，只要根據這些自然地表現，對方就會很高興了。

這或許是多說的，但我是不會在網路上檢索採訪者名字的。我對採訪者個人的行為毫無興趣，因為我認為只要關注那個人在媒體上的作品即可。

採訪中一定會做的事

總算開始採訪了。我在採訪中會做兩件事。

▼用名字稱呼對方

▼問對方問題

盡可能叫對方名字，讓對方覺得親近。而且也不是單純地受訪，是所謂的「對話」，問對方問題，也是丟出「我很重視你」的訊號吧。

接受了幾十次的訪問，現在我不是以「採訪者和受訪者」的態度，而是**採取「一起做報導的專案成員」的態度**。有時候也會收到「不知道要寫成什麼樣的報導」的諮詢。雙方都能敞開心胸的話，就會產生好結果吧。

未來食堂的採訪報導，光是網路文章就達十一萬次分享，我想跟我受訪時的態度不是毫無關係。

3.不偏離主軸

所謂的採訪，是讓第三者來介紹服務和自己。也就是說，**不一定會寫出真正達到自己的目的和期待的採訪報導**。因為採訪者和自己的目的和理解並不一樣。

像是自己只是很普通地在做事而已，結果可能被介紹成「繼承已逝祖母心意的孫子，在人口稀少地區開始的溫馨服務」。

這個介紹，如果沒有偏離自己想像的服務樣貌的話，就沒什麼問題。但是媒體往往會填入簡單易懂的故事和向來的美談。也許會演變為「我不知道會被介紹成這樣」的狀況。

這樣寫，也許會有人認為「有必要思考要告訴別人什麼」，不過，還是有點不一樣。我會這麼說，是因為比起「應該說什麼」，**更重要的是先決定好「應該不說什麼」**。就剛才的例子而言（如果不想讓人從這個面向看的話），「去世的祖母」的事情就不應該說出來。

媒體會因為不同的媒材，在決定好的分量中製作採訪報導。報紙的話是紙張開數、電視、廣播是播放時間，網路則是文字量。也就是說，不管你「多想表達」，因為媒材的限制，不一定會被刊登。而且，當你想表達的和媒體想表達的不一致的情況時，被刊載的機率就會變低了。

「想傳達的事」不一定傳得出去。相對的，**「不想傳達的事」，只要自己不說，就不會傳出去**。能不能傳達「你想傳達的事」，判斷權在媒體，不過「不想被說出去的事」，自己倒是可以控制。

所以，被媒體注意到的時候，重要的是**要先把「不想說出去的事」放在心上。**

未來食堂的話，我們決定不提及：

・料理的美味
・「爆紅」等社會上的反應

剛才提到的「給媒體的請託」裡，也有寫下這樣的想法（採訪者會過目的地方也有）。

◇料理的美味

未來食堂的價值是透過「客製小菜」，創造客人專屬的美味。「〇〇好美味」「將〇〇做 XX，所以很好吃」等這種宣傳的方法，是把自家店裡的美味強迫灌輸給別人的做法，跟向來的餐廳做法沒什麼兩樣。如果餐廳不能宣傳自己有多美味，在某個意義上很致命，不過，我們的目標是讓來到店裡的客人評價，未來食堂則忍耐著不做任何宣傳。

※不過關於料理技術可以採訪。而且會積極公開。

◇「爆紅」等社會上一般（＝「你」以外的人）的反應狀況

例如「定食店『未來食堂』最近爆紅了」，這種報導是NG的。

說到底，未來食堂是為了「你」開設的定食店。如果讀者接收到「爆紅」資訊的話，很可能在心裡講個「喔」就結束了。為了要避免讓讀者感覺這餐廳與自己無關，希望能避免這類說法。

（引用自未來食堂官網『給媒體的請託』）

因此，未來食堂雖然之前上過多次媒體，不過從沒感覺到「完全不是我本意」的報導狀況。我的理念（傳播「接納所有人，適合所有人的場所」）幾乎從沒被介紹過，不過因為前面說到的媒體性質，我也覺得是沒辦法的。**從未來食堂看來，媒體的角色是「讓想看的人，能多少對未來食堂產生興趣」。嘴裡說著「沒有百分之百傳達未來食堂的內容」而責難媒體，那才是搞錯對象了。**

這些做法，除了對媒體，例如對客人或是服務的對象也是有用的。對輕鬆來吃飯的客人，從頭到尾傾訴理念的話，不能說是很舒服的服務。**要意識到「『不』說什麼」，這樣才能讓對方毫無負擔地享受服務。**

要怎麼表現「自己」

如果你要開始一個人・小規模的生意，除了你的特殊做法以外，說不定「你」也可能會備受關注。

會這麼說，是因為開始未來食堂的我，因為「前工程師」「前上班族」「數學系畢業的理科人」等切入角度，受到了出乎意料的關注。

我自己本來覺得理科跟前上班族等事情很「普通」，沒什麼好特別說的。但社會上不是這麼認為的。

「普通來說根本不會踏進餐飲界的人，卻在餐飲業界造成革命」，好幾次都被這麼提起。

像我一樣，你也可能會被別人從沒料想過的角度打上聚光燈。那時，記得前面講的，最重要的是「不要說什麼」。我判斷「能說什麼」「不說什麼」的基準，有以下幾點。

〈可以說的事〉

- 前上班族
- 理科・前工程師
- （性別上）女性

經歷是無法隱瞞的，所以我將這些全部公開。這不是我本來想說的事（我想說的是未來食堂的理念），可是如果因此對我產生興趣，那也莫可奈何。

而且，一個人的未來食堂可以創造午餐翻桌五次紀錄的高效率表現，想出這種方法，也因為我是理科人以及工程師的思考方法，所以關於這一點，我也決定要公開。

再加上，反正是和顧客面對面的服務業，不可避免一定會知道我的性別，所以「女性」這一點也公開。不過，我不過度宣傳我是女性。這在接下來會說明。

〈不說的事〉

・身爲母親

・理科女

我並沒在媒體公開，不過我有一個小孩，現在也在懷孕中。

如果公開這種事，就會被貼上像是「努力的母親」「和小朋友一起奮鬥」「家庭式的溫馨店家」等本來不想要的個人或店家形象的標籤，所以我盡量不公開說這件事。

而且，我雖然是理科，也是女性，但是我不想讓別人特別意識到我是女性，所以也不想自己被貼上「理科女」的標籤。

因為沒想要宣傳自己是裝束華美的女性，在受訪或演講時也跟平常一樣維持「手拭巾頭巾・polo衫・牛仔褲」的打扮，也不化妝。另一個理由是，**一直穿同樣的衣服，就會變成標誌，也容易被記住。**

我不否定讓異性開心來做生意的做法，不過因為未來食堂的理念是「接納任何人，適合每個人的地方」，如果過度強調女性特質，就跟我的預設形象不一樣了。

「理科女」「媽媽創業家」的標籤一旦被貼上，就很難撕下來。**這個社會，愈是既有的易懂標籤，傳播的速度就愈快。**

自己的認同要放在哪裡，認同和所致力的工作是一致的嗎?好好想清楚，然後整理出「不要說的事」吧。

公開說出自己是個「母親」的時機

我曾經在電視的貼身採訪時被要求過「讓我們拍妳在家裡的日常生活」，可是這麼一來，我有小孩的事可能會曝光，所以我拒絕了（這種狀況，我只要說「因為我不想公開自己是母親」，大家就能理解，所以從來沒因此困擾過）。

於是，我就這樣一直沒有公開自己為人母的身分，不過，二〇一六年十二月，在日經年度女性得獎的時候，第一次，我面對不特定的多數人，發表了公開演講（所以，才能在這本書裡跟大家說這件事）。

自己「想要被看作是什麼樣子」而所設計出的認同，有時候會因為許多緣故需要有所改變。我的狀況是開店一年後的懷孕。

生產的時候不得不暫時關店，如果謊稱「身體不適」關店的話，會讓客人擔心。如果要坦白生產的事情，不提到第一個小孩又太不自然……所以，我煩惱了很久，認為得獎感言是好機會（懷孕第五個月），於是就在這個時機公開了。

得獎感言之所以是最好的出櫃時機，我想有兩個理由。

第一點是，「能用自己的話傳達想說的訊息」。

能夠實在地表達出自己的想法（我並不把「身為人母」當成自我的認同）的場合，其實很少。就像前面提到的，媒體採訪的形式下，要對不特定多數人傳播的狀況下，**百分之百不會照自己的期待被報導**。尤其是，「為人母」這種「非常好的形象」一旦被貼上「適合現今社會」的標籤，不管當事人怎麼想，都會瞬間被快速傳播（現今的日本，女性的社會參與及少子化對策等都被大聲疾呼著），於是會變成「世界女士是媽媽創業家，太強了！」

第二點是，年度「女性」獎雖說是頒發給女性的獎項，但不屈從所謂的女性特質，我認為是「給許多覺察到滯礙感的女性的激勵訊息」。

因為二〇一七年的現在，與年紀無關，女性依舊被要求做好母親・妻子・工作（喜歡的事情）三個角色。生小孩對解決少子化有貢獻，工作對國家有貢獻，在家庭做好妻子對丈夫有貢獻……我感覺女性被要求很多困難的演出。

因為我的得獎，代表著自己不拿出「母親」這張牌也能被認可，但不只是這樣，我想表達的是，「故意不現出『母親』牌，也可以活得像自己」。

要表達什麼？沒有一定的答案。

不過，仔細地告訴對方，一定會出現理解的人，抱持著這樣的信念，不斷地一再嘗試或許是很重要的事。

最後，代替本章的總結，我想分享我在日經年度女性的得獎感言。

這次能得到日經年度女性這麼偉大的獎項，我感到非常有意義。

我只是個小小人物，未來食堂也只是間十二個座位的小小定食店。我不認爲自己值得這個獎，不過，為了像我這樣對抗社會上的「理所當然」，催生出前所未有的新世界，日復一日孤獨地戰鬥的人們，我今天代替大家來這裡領獎。

能獲得這個著名的獎，我覺得對我是很大的試煉。因為未來食堂以及我自己的理念是「接納所有人，適合任何人的地方」。未來食堂作為最後的安全網，就只是為「你」而存在的地方。不過，以這麼小的地方作為理念，我卻得到這麼大的獎項，如果我耽溺在成為名人的快樂，「接納任何人，適合所有人的地方」的理念難道不會迅速變質嗎？

就因為很多人覺得「未來食堂很好」，所以我現在才能站在這裡。

不過，這並非目的，只是結果而已。

走向「接納任何人，適合任何人的地方」的小小步調，感覺好像都快被如此大的讚賞旋風吹走了一樣。

我衷心感謝，像我這樣的小人物，能夠得到這麼大的試煉。

最後，有一件事想告訴大家。

我為了未來食堂的創業，辭掉了公司工作，一邊打工兼差，一邊修業。

有很多讀了報導，知道這個過程的人，常常會說出這種評論：「能夠那麼任性地挑戰，是因為單身啊」。

但並不是這樣的。

我已經結婚了，有個六歲的孩子，現在懷孕五個月。

我要向「能挑戰是因為單身」的說法說NO。
不過我的自我認同，並不在於母親身分。
所以，關於這點，我就不再多說了。

環境不會對你的行動踩煞車。
能對你的行動踩煞車的，只有一個，就是你的心。

本章統整

1. 常見的不安

收到採訪邀約，每個人都會有既期待又不安的心情。

2. 面對採訪者

想說自己正致力於的事的心情大家都明白，不過，在這之前，要意識到怎麼讓採訪者變成自己的粉絲。

3. 不偏離主軸

要經常用心在希望自己或自己的做法是怎麼被看待的。不想說的事情，到最後都別提。

特別對談

Lifenet
生命保險公司會長
出口治明

×

未來食堂店主
小林世界

「懷疑常識」

光是我一個人一直講，大家可能會覺得無聊，這裡就請經常光顧未來食堂的客人，Lifenet 生命保險公司會長出口治明先生登場。我們曾經有緣在 Lifenet 生命保險的網路雜誌《Lifenet Journal Online》中對談過，那麼就直接詢問他對於本書的感想。

在市面上充斥著毫無根據的精神勝利法則時，好久沒看到實實在在的商業書了——出口

出口 到目前為止世界小姐出了兩本書，第一本整理了到開店為止的部落格文章，第二本是分析未來食堂的系統。然後第三本也就是這本書，寫的是「小林世界」這個人怎麼想事情、怎麼處理她的人生。我的說法也許有點激烈，但我認為這本書好像脫衣舞（笑）。

世界 真的如您所說。這就像是解析「自己」的作業一樣。我自己認為很普通，一路這麼做的事情，很難用語言表現出來，所以我跟編輯確認了好幾次「這種東

西，寫出來真的會有趣嗎？」

出口　超有趣的。從思考方式開始，如何化爲行動，為了持續行動所下的苦功，接著是要怎麼傳達自己的想法，而後受到矚目時要怎麼思考，這些事情因為以世界小姐的親身體驗坦率地寫出來，我認為是非常有說服力的書。

去到書店，滿滿的都是「大家拚命工作，日本的經濟變好了」「日本人最優秀所以沒問題的」這種像夢話一樣的書。在「毫無根據的精神勝利法則」滿溢的書市裡，能和睽違已久的「實實在在的商業書」相遇，我很高興。

世界　像「夢話」一樣……（笑）對我來說只是寫下極為理所當然的事，出口先生對於說明我是怎麼想的這部分特別有感，對嗎？

出口　比起思考方式，我覺得很有共鳴的地方是世界小姐拚命地思考，思考到妳自己能完全接受的狀況，還有妳不偏離主軸的做法。我們人，如果沒有真心接受就無法行動，自己的內在如果沒有軸心的話，就無法持續下去。

未來食堂，乍看之下好像只是間普通的食堂，可是這裡是世界小姐經過徹底的思考所設計出來的世界。我讀了這本書後更加明白了。

時間・能力・資源都有限。我完全同意「只做重要的事」「決定工作的時間，而非工作量」——出口

世界 出口先生第一次來未來食堂，是在二〇一六年七月，開幕十個月之後。

出口 世界小姐的父親跟我在大學時上過同一個研究室的課，同學會見面的時候，他提到「女兒開了間食堂」，那是我去店裡的契機。一開始來到店裡，馬上就覺得真是一個好地方啊。然後讀了世界小姐的書，發覺在基礎的地方跟我很像。所以，來這裡讓我感覺非常舒服。

世界 我也拜讀了出口先生的書，也覺得分析思考事情、決定規則的方式等等，跟我的思考方式是一樣的。

出口 這本書的第一章有一節談到「拆解『理所當然』」，我認為因式分解非常重要。

一個人思考的時候，跟人討論事情的時候，盡量分析問題的因素，整理思緒，在本質上什麼是問題，本質上應該做的事是什麼，誰做，怎麼做，盡量分析到各個要素，然後再看整體，我覺得這樣是比較好的。

世界　因為時間、資源和工作人員都很有限。首先要確定好重要的事，自己不拿手的事就拜託別人補足，我真的覺得是理所當然。

出口　理所當然地做好理所當然的事，其實很困難，工作上的問題，很多就是因為不能做好理所當然的事才發生。我是這麼覺得啦。

然後，現在世界小姐提到的「有限的感覺」，真的也非常重要。時間充足，經營資源和人力都很充足，拚命思考的話什麼都做得到，在這種前提下，應該這樣這樣，很多人嘴裡會講這種大道理。但實際上，工作和人生就是有很多的限制。一個人能做的事也有限。花時間的話就會做得好、大家一起想就會有好點子這類的想法，我覺得是搞錯了。

人的集中力沒那麼持久，時間也是，自己的能力也是，能用上的資源和人力，全部都有限，這當中要斷捨離掉什麼，會變得很重要。怎麼利用時間的章節裡有提到「只做重要的事」「決定工作的時間，而非工作量」，我完全贊同。「現在在寫的這個稿子，我決定就衝到十九點十分。」的段落，完全說中我的想法。

人很愛偷懶的。決定好規則的話，不用東想西想就可以解決——世界

世界 決定好規則的話，不用東想西想就能解決了。出口先生的書裡也提到「決定了就做」「沒有例外」，我也這麼認為。我常被問到「每天換菜色，不辛苦嗎？」不過決定以後，就只能做下去。

出口 人很愛偷懶的，只要有一次例外就會不想做。規則這種東西，會因為例外而崩毀，所以我絕對不會讓例外發生。

世界 是啊。不過毫無例外地工作，不會被說成禁欲的斯多噶派了嗎？我經常被說是禁欲派，出口先生呢？

出口 我不是什麼禁欲派，只是決定了就照著做會比較輕鬆，不用想無謂的事情，所以一直這麼做。如果一旦出現例外，就要讓自己可以完全接受才行。

世界 因為照著決定好的做下去比較輕鬆，所以就那麼做著。雖然我自己個性是比較悠哉的，但是可能從別人眼中看來不會那麼想。

出口 我也覺得自己很隨和，可是有很多人完全不這麼覺得。不過，那也沒辦法，

自己想像的自己和別人看到的自己就算有差距，我也不會在意。

說到這，第六章在講到「被誹謗中傷、批評批判」時的處理方法，寫到了我說的「二：六：二法則」呢（笑）。

世界　多虧了出口先生教我的「二：六：二法則」，我實在輕鬆了很多，而且出口先生「不在意的樣子」，經常是我的典範呢（笑）。

為了日經年度女性的得獎致辭，翻遍了關於德蕾莎修女的書，連學術研究專書都讀了——世界

出口　書的最後放了妳在日經年度女性得獎時的致辭，用得獎感言作結很棒呢。致辭寫得很好，或許這樣說會很奇怪，不過妳確實是深思熟慮後才發表的。

世界　是的，我思考了很久。其實，在寫致辭稿前，我徹底地讀遍了德蕾莎修女的傳記和演講，連學術研究的書都讀了。要說為什麼，是因為德蕾莎修女得了諾貝爾獎，是非常有名的人，但她本人並不特別執著於名聲名譽這類東西。修女她

一心想著要怎麼救助窮人或是傳教的方式。外在的評價和本人想法之間的鴻溝，層次雖然是完全不同的，但我自己感受到的差距也像是這樣。

我只是在開食堂，但是旁邊很多人說好厲害啊。德蕾莎修女只是照顧生病的人，可是諾貝爾獎降臨了。要怎麼接受那樣的鴻溝？我很想知道得到諾貝爾和平獎時，她說了什麼，所以徹底研究了相關資料。

出口 我讀了年度女性的演講，馬上明白妳花了很多時間準備。不可思議的是，一眼就能看出是努力思考寫出來的東西還是不經大腦的東西。

世界 被讀那麼多書的出口先生這麼說，我真的很高興。

出口 因為我很喜歡，還未經同意就上傳臉書了。總結的這句「環境不會對你的行動踩煞車。能對你的行動踩煞車的，只有一個，就是你的心。」，我會作為最近受到感動的話，引用在春天要出版的新書裡。不好意思，沒經過妳的許可。

世界 咦～是嗎！那是我的榮幸（笑）。

人要能夠真正自由，最好對常識抱持懷疑。要能對常識抱持懷疑，就有必要徹底學習既有的知識——出口

出口　「對你的行動踩煞車的，只有你的心」，換句話說，就是「服從外在社會常識的你的心，會讓你無法行動」對吧？人為了要能夠真正的自由，最好對全部的常識都持疑比較好。從常識開始出發的話，根本就產出不了什麼好的東西。不過，要對常識有所懷疑，就不可不知道常識。

「懷疑一切！」是馬克思的話，很多人都說「科學是從懷疑常識開始的」，但是，為了要對常識懷疑，首先應當要認識常識。常識的根據是什麼呢？不自己拆解的話，就會變成「這種常識好討厭」的個人好惡的問題了。

這本書的第二章裡，有談到「徹底學習既有知識」，要去懷疑常識，得先徹底地學習既有知識，為什麼會形成這種社會常識，這種常識又會造成什麼不方便，一定要先做因式分解，接著再重新組成。

世界　光只是想做些和常識不同的事是很膚淺的，不用既存的知識當基礎的話，

也想不出新點子。

出口　徹底膚淺的比拚法，這種手段也有人用，不過還是像世界小姐一樣，仔細地照順序徹底思考，才能打動人心。膚淺地搞些奇怪的事，雖然新奇，不過會馬上讓人生膩。就跟蓋房子一樣，從地基開始仔細地推敲，不管是思考方式、生活方式或是事業，都能安定不動搖，所以也很堅強。

世界　這本書是針對「想開始些什麼」的人寫的，出口先生如果要推薦這本書，會跟什麼樣的人推薦呢？

出口　我個人是希望推薦給那些頭腦硬得像水泥的老頭子讀讀，希望他們可以反省（笑）。但是，或許他們讀了也不懂。實實在在的書，還是希望大家都能讀，我希望肩負下個世代責任的年輕人能讀，也希望支撐社會的中流砥柱能讀。結果是，希望所有的人都能讀呢（笑）。

（二〇一七年二月十五日於未來食堂）

又過了一年，寫給你的信——代後記

「我真的要做」，從你跟我說了以後，一回神好像只是一瞬間的事。

我想一定發生了很多事。不過也是因為我自己想著「太過干涉也不好」，所以並沒有頻繁地和你聯絡（之後，也一定不會吧）。

可是，我一直很在意。「你過得好嗎？」

我也真是太雞婆了吧。剛好是一年前的現在，「終於你也要開始了嗎？……真的沒問題吧」，我是邊為你加油，邊為你擔心。這樣的心情，現在也還持續著。

開始經營未來食堂的時候，因為我本來是上班族，也沒有料理經驗，讓周圍的人很不安，大概和我對你的不安無法相比。讓身邊的人擔心地坐立不安的我，卻來擔心你的事，實在太滑稽了。你就儘管笑我「世界小姐太愛擔心了」。

希望能幫上你的忙，所以回顧自己的創業歷程寫了這本書，但是自己寫自己的事，比想像中還困難。自己的「普通」做法，對自己來說很普通，煩惱著「我的這些習慣和想法，別人讀了會覺得有趣嗎？」並感到很害羞。不過，我心想「只要對你有一毫米的幫助」……結果就是這樣的願望，持續照亮了我完成這本書途中，經歷的幽暗狹窄的道路。

即使開始時的腳步不太穩，經過了一年，應該已經進化了吧。我認為每天都在成長的你，真的很值得尊敬。

每個人要走的路都不同，我和你所朝向的未來也未必相同吧。但是，即使如此，我們共享了短暫的時間。真的非常難能可貴。我只要想到「你今天也在努力吧」，心中就像有燈火照亮般溫暖。

就讓我們彼此朝著無盡的路途前進吧。

你現在看到的是怎樣的風景呢？期待與你再相會。

二〇一七年三月

小林世界

一人創業思考法（二版）

東京「未來食堂」店主不藏私的成功經營法則

やりたいことがある人は未来食堂に来てください

作　　者　小林世界
譯　　者　高彩雯
裝幀設計　黃畇嘉
責任編輯　王辰元
協力編輯　薛格芳

發 行 人　蘇拾平
總 編 輯　蘇拾平
副總編輯　王辰元
資深主編　夏于翔
主　　編　李明瑾
業　　務　王綬晨、邱紹溢
行　　銷　廖倚萱

出　　版　日出出版
　　　　　台北市105松山區復興北路333號11樓之4
　　　　　電話：（02）2718-2001　傳真：（02）2718-1258

發　　行　大雁文化事業股份有限公司
　　　　　住址：台北市105松山區復興北路333號11樓之4
　　　　　24小時傳真服務：（02）2718-1258
　　　　　Email：andbooks@andbooks.com.tw
　　　　　劃撥帳號：19983379
　　　　　戶名：大雁文化事業股份有限公司

二版一刷　2023年08月
定　　價　430元
I S B N　978-626-7261-60-6
I S B N　978-626-7261-57-6 (EPUB)

Printed in Taiwan・All Rights Reserved
本書如遇缺頁、購買時即破損等瑕疵，請寄回本公司更換

國家圖書館出版品預行編目（CIP）資料

一人創業思考法：東京「未來食堂」店主不藏私的成功經營法則 / 小林世界著；高彩雯譯.
- 二版. - 臺北市：
日出出版：大雁文化發行，2023.08
面；　公分

ISBN 978-626-7261-60-6（平裝）

1. 餐飲業　2. 創業　3. 職場成功法

483.8　　112009991

Original Japanese title: YARITAI KOTO GA ARUHITO WA MIRAI SHOKUDO NI KITE KUDASAI
Copyright © 2017 Sekai Kobayashi
Original Japanese edition published by Shodensha Publishing Co., Ltd.
Traditional Chinese translation rights arranged with Shodensha Publishing Co., Ltd.
through The English Agency (Japan) Ltd. and AMANN CO., LTD., Taipei.